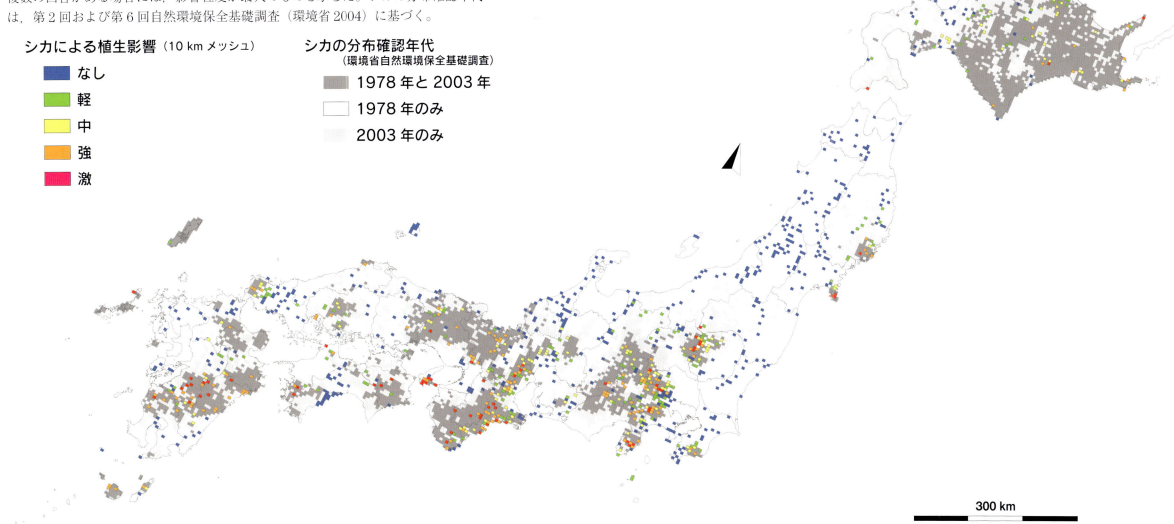

本書に登場する地点 （地名の後に記述のある章・節の番号を示す）

阿久根島（鹿児島県） 3.2	知床岬（北海道） 3.1
朝来市（兵庫県） 2.1.8	前鬼（奈良県） 2.1.6
芦生研究林（京都府） 2.1.5	仙丈ヶ岳（山梨県） 3.2
天城山（静岡県） 3.2	丹沢（神奈川県） 2.1.3
大台ヶ原（奈良県） 2.1.7	剣山（徳島県） 2.2.2
尾瀬ヶ原 2.2.3	洞爺湖（北海道） 2.1.1
春日山原始林（奈良県） 2.1.4	那須高原（栃木県） 2.2.3
北岳（山梨県） 2.2.1	西粟倉村（岡山県） 2.1.8
霧ヶ峰（長野県） 2.2.3	日光国立公園（栃木県） 2.2.3
金華山（宮城県） 3.2	三笠市（北海道） 2.1.1
釧路市音別町（北海道） 2.1.1	三頭山（東京都） 2.1.2
釧路湿原（北海道） 2.2.3	深泥池（京都府） 2.2.3
御前山（東京都） 2.1.2	屋久島（鹿児島県） 2.1.9
サロベツ湿原（北海道） 2.2.3	由仁町（北海道） 2.1.1
塩見岳（静岡県） 2.2.1	羅臼岳（北海道） 3.2
知床半島（北海道） 3.1	若桜町（鳥取県） 2.1.8

剣山系三嶺のササ草原

春日山原始林の照葉樹林と若草山のシバ草地

シカの影響を受けた北海道の冷温帯林

屋久島の花之江河で採食するヤクシカ

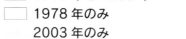
300 km

シカの分布確認年代
（環境省自然環境保全基礎調査）
- 1978年と2003年
- 1978年のみ
- 2003年のみ

丹沢のブナ林内に設置したシカ柵

口絵 I

シカによる採食

1-① シバ群落をなめるように採食するシカ。シバ群落は草丈が低いため，シカはリズミカルに速く食べる（金華山，1986年7月 本文 p. 21）

1-② 首を伸ばしガマズミを採食。採食範囲は地上2m程度（金華山，1989年9月）

1-③ 緑葉のない冬期に樹皮を剥ぎとって食べるエゾシカ。強度の被害を受けた樹木は枯死する（北海道むかわ町，2012年3月 本文 p. 22）

1-④ 若草山でシバを採食するシカ。植物に好みがあり，イトススキ(↓)はやや採食するが，ワラビ(↓)は採食しない（若草山，2010年5月 本文 p. 33, 96）

1-⑤ 落ち葉を食べるシカ。奈良公園では，餌不足のためか1年中この行動が見られる（春日山，2010年11月 本文 p. 96, 228）

口絵 II

植物への影響

2-①左：シカによる樹皮剥ぎを受けたウラジロモミ（奥日光, 2002年4月）右：樹皮剥ぎにより枯死したヤブツバキ（春日山, 2008年6月 本文 p. 22, 98, 225）

2-②シカの口の届く範囲は盆栽状で，それより上は正常に育っている独特の樹形を示すモミ（金華山，1993年4月 本文 p. 22）

2-③ 2003年にイズセンリョウの採食が始まり，2006年にこの個体群は消失した（奈良公園，2003年10月 本文 p. 33, 97）

2-④シカに繰り返し食べられて盆栽状になったメギ（上，金華山，1999年5月）とブナ（下，金華山，2013年7月）。ブナが伸張できないと森林が更新されない（本文 p. 31, 33, 225）

2-⑤シカの採食で植物が消失した林床。土壌浸食が生じ，根が露出している（春日山，2009年10月 本文 p. 98）

シカの不嗜好植物

3-①若草山と春日山に広がるナンキンハゼ（若草山，2013年10月 本文 p. 101）

3-②侵入したナギ（↘）に置き換わりつつあるイチイガシ（↘）林（春日山，2011年5月 本文 p. 102）

3-③クリンソウ（金華山，1990年5月 本文 p. 33）

3-④イワヒメワラビ（春日山，2007年10月 本文 p. 33, 96）

3-⑤マルバダケブキ（長野県川上村，2014年8月 本文 p. 33）

3-⑥ハンゴンソウ（金華山，1990年5月 本文 p. 33）

3-⑦レンゲツツジ群落（長野県川上村，2014年8月 本文 p. 33）

口絵 IV

高山植生，湿原への影響

4-①南アルプス，塩見岳のカール地形（雪渓跡地）。左：1979年のミヤマキンバイ群落。右：2005年，左の写真と同じ場所。シカにより植物が激減した（本文 p. 176, 177）

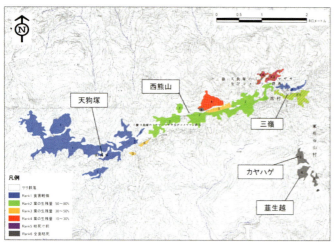

4-②四国剣山系三嶺域における稜線部のササ草原の被害状況（本文 p. 186）

4-③釧路湿原温根内高層湿原。左：高層湿原の微地形ハンモック，ホロー。右：エゾシカに破壊されたハンモック（本文 p. 200）

口絵 V

森林の崩壊

5-① 大杉谷国有林（三重県）の枯死したトウヒ林とシカの群れ

5-② 三重県の国有林伐開地。植林したがシカ食害により苗が育っていない

5-③ 東京都奥多摩で起きた大規模な土砂崩れ（2005年6月 本文 p. 36, 228）

口絵 VI

シカ柵とその効果

6-①草原に設置して15年経過したシカ柵（金華山, 2005年9月 本文 p.39）

6-②積雪により倒壊したシカ柵（丹沢 本文 p.85）

6-③シカ柵設置後に再生した植物。左から，クガイソウ（丹沢 本文 p.77），オオモミジガサ（丹沢 本文 p.79, 81），イチイガシ2年生実生（春日山）

6-④大台ヶ原のブナ林の20年（本文 p.138）

1991年7月　　　　　　　1996年7月　　　　　　　2001年5月

口絵 VII

7-① ギャップでの森林動態 （本文 p. 99）

春日山原始林のギャップの全天写真。開空率（樹冠の隙間を示す値）は10％

ギャップにシカ柵を設置。マツカゼソウやナガバヤブマオなどの不嗜好植物が生育している（春日山，2012年5月）

設置2年後のシカ柵外。林床にはナギ，イヌガシなどの不嗜好植物が生育している（春日山，2014年5月）

設置2年後のシカ柵内。イチイガシ，ウリハダカエデなどの木本類，オオバチドメなどの草本類が繁茂している（春日山，2014年5月）

2006年9月

2011年8月

シカの影響およびシカ柵の設置によるブナ林の変化。1991年まではシカの影響はあまりなく，スズタケが優占していたが，それ以降顕著になり，植生が衰退した。2003年にシカ柵を設置した後植生の回復が見られるようになった。写真はほぼ同じ場所で撮影。○，△は同じ樹木個体

口絵 VIII

シカ柵の運用

8-① 丹沢のブナ林に設置されたシカ柵。設置後15年を経て，柵内（画面右側）にはスズタケが再生した（本文 p.83）

8-② 春日山に設置されたシカ柵。設置後7年を経過しツクバネガシの実生は生長したが，林床に顕著な変化はない（2014年5月 本文 p.98）

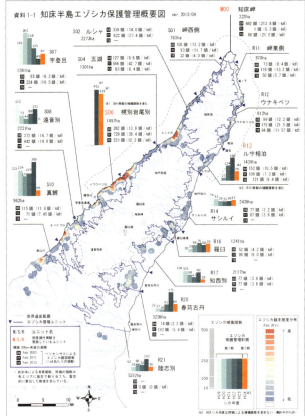

8-③ 知床半島エゾシカ保護管理概要図（本文 p.216）。棒グラフは各管理ユニットの過去6年間のシカ捕獲数。世界遺産とその隣接地域地図内の濃淡は推定された個体数密度（知床世界遺産地域科学委員会シカWG 2014年7月12日資料1-1より）

シカの脅威と森の未来

シカ柵による植生保全の有効性と限界

前迫 ゆり・高槻 成紀 編

文一総合出版

はじめに

　今から 40 年ほども前，私は植物生態学の研究者としてシカと群落を研究することになった。そんな研究をする人はどこにもいなかったし，調査地を探すのもたいへんだった。私は宮城県の金華山というシカのすむ島で調査をしたあと，調査地を求めて四国や九州の島を探して出かけた。それほどにシカがいるところがなかったし，そういう特殊な現象を調べてどうするのかというアドバイスももらった。

　時が経ち，大きな変化が起きた。シカは各地で増加し，新聞紙上でも取り上げられるようになったので，一般市民もそのことを知るところとなった。シカの農業被害問題が大きくなり，シカの研究者も増えた。さらに時間が経つと，シカ問題は農業被害だけでなく，あそこの美しかった草原から花がみられなくなったとか，あの林のササがなくなった，さらにはどこどこの山ではシカのせいで土砂崩れが起きているという話さえ聞かれるようになった。一体本当なのだろうか。

　そうした流れの中でシカ研究者がシカ問題をとりあげる本がいくつか書かれた。しかし植物研究者はすぐれた論文を学会誌に書いてはいたが，情報が個別的であり，全体を俯瞰することは容易ではなかった。だが，事態は相当深刻である，というのが古くからシカと植物の双方を見て来た私の強い思いであり，シカの影響を通覧できる本を作って，研究者はもちろん，一般市民にも知らせるべきだと思うようになった。

　そうした思いでいたところに，春日山でシカと群落の研究を手がけてこられた前迫ゆりさんから，本書の企画の話がもたらされ，いっしょに編集をしてほしいとの申し出があった。彼女の情熱に押される形でお引き受けした。前迫さんにはすでに腹案があり，著者からの内諾もとってあって，企画が動き始めたら原稿が集まってきた。いずれも力作であり，編者として確かな手応えを得た。その事例を読んだ読者は，シカの影響というものがいかに深刻であり，ただならぬものであるかを知ることになるであろう。それは生態学を学ぶ者にとって興味深いだけでなく，自然に関心をもつ一般市民にとって

も驚きをもって受け止められるに違いない。

　本書は，各地で汗と泥にまみれながら植物の調査をしてきた研究者たちが，自分たちの調査地がシカによって大きく変化したことを目の当たりにして，危機感に動かされて書いた記録であり，中には実に30年もの長きにわたるフィールドワークによるものもある。そうした研究者たちによる2015年時点での到達点である。これまで，シカの影響について植物研究者が主体となって書かれた本はなかったので，ユニークな仕上がりになったと自負している。

2015年6月

高槻 成紀

シカの脅威と森の未来
シカ柵による植生保全の有効性と限界

はじめに ……………………………………………………… 高槻 成紀　*3*

第1章　シカは日本の自然を大きく変えた？

1.1　シカ学事始め　　　　　　　　　　　　　　　高槻 成紀 ……… *9*
1.2　シカという動物　　　　　　　　　　　　　　高槻 成紀 …… *17*
1.3　植物への影響　　　　　　　　　　　　　　　高槻 成紀 …… *31*
1.4　日本の植生へのシカ影響の広がり――植生学会の調査から
　　　　　　　　　　　　　　　　　　　　大野 啓一・吉川 正人 …… *43*

第2章　各地のシカ柵でわかったこと

2.1　日本の森林植生とシカ柵
　2.1.1　北海道の森林におけるシカの影響――シカの生息密度の変化と森林の反応
　　　　　　　　　　　　　　　　　　　　　　　　明石 信廣 …… *59*
　2.1.2　東京三頭山のブナ林――予防的に設置したシカ柵の効果
　　　　　　　　　　　　　　　　　　　　星野 義延・大橋 春香 …… *67*
　2.1.3　丹沢のブナ林　――神奈川県はシカから森林を守ることができたのか
　　　　　　　　　　　　　　　　　　　　　　　　田村 淳 …… *77*
　　　コラム1　土壌侵食とシカ被害　　　　　　　石川 芳治 …… *89*
　2.1.4　春日山原始林と奈良のシカ――照葉樹林を未来につなげるために
　　　　　　　　　　　　　　　　　　　　　　　　前迫 ゆり …… *93*
　2.1.5　シカによって衰退した森林の集水域単位での回復に挑む
　　　　　――芦生研究林での事例　　　　　　　高柳 敦 … *109*
　　　コラム2　森林被害を回避する4つの防御方法　高田 研一 …… *121*
　2.1.6　大峯山脈前鬼の森林とシカ　　　　　　　松井 淳 … *127*
　2.1.7　大台ヶ原のブナ林の30年　　　　　中静 透・阿部 友樹 … *137*
　2.1.8　中国山地のシカ被害とシカ柵による二次林の再生　永松 大 …… *147*
　2.1.9　屋久島のヤクシカと植生の変化　　　　　辻野 亮 …… *157*
　　　コラム3　ニホンジカの管理のためのデータ収集　坂田 宏志 …… *169*

2.2 高山植生，湿地，ササ草原とシカ柵
 2.2.1 南アルプスの高山植生とシカ   増澤 武弘 ……*173*
 2.2.2 四国山地のササ草原とシカ   石川 愼吾 ……*185*
 2.2.3 湿原へのシカの影響   冨士田 裕子 ……*197*

第3章　シカ柵の効果を考える

3.1 知床のシカ捕獲と柵と保護区の未来   松田 裕之 ……*211*
3.2 シカ柵の有効性と限界   前迫 ゆり・高槻 成紀 ……*221*

おわりに   前迫 ゆり … *235*

 執筆者一覧　*238*
 植物名索引　*242*
 事項索引　*246*

第1章
シカは日本の自然を大きく変えた？

扉写真：シカの群れ（撮影／高槻成紀　1999 年 8 月 宮城県金華山）

1.1 シカ学事始め

高槻 成紀

　本書は近年日本列島各地で分布を広げ，個体数を増加させているシカ（ニホンジカ）の影響と，その影響を排除するために設置されている柵の効果を紹介しようとするために企画された。私は日本におけるシカ研究が開始された1970年代にその一翼をになうことになったが，哺乳類学の専門家とは違い，植物生態学研究者として研究を開始した。本書ではそのような立場からシカとその影響について解説を試みたい。

　本書は通常の専門書ではなく，「シカ問題」に頭を悩ませておられる林業者，行政の自然保護や環境の担当者などにも役立つことを目指している。そこでできるだけわかりやすく，幅広い内容になるよう心がけた。

シカについてのイメージ

　いまシカはどういう存在ととらえられているだろうか。もちろんシカがどういう姿の動物であるかはよく知られている。子鹿が愛らしいことや，オスだけに角があることも知らない人はいない。中にはシカが毎年生え変わることや，一夫多妻制の行動をとることなどを知っている人もいるかもしれない。だが実際のシカを見たことのある人は多くはない。

　報道によれば，農業地帯ではシカが増えて農業被害が出ているらしい。しかしシカなど見たことはないし，日本の山はスギの林が多いから，シカの被害は本当にあるのだろうかと疑わしく思っている人のほうがはるかに多いはずだ。たまにブナやナラ類の生える山に登ることがある人でもシカの姿を見る人はほとんどない。

　要するに大半の日本人にとって，シカを知らないわけではないが，シカが増えすぎているということを実感することは難しい。しかし，報道やそういう分野の本を見ると，確かにシカが増えて，植物がひどく食べられているようだ。そうであれば，シカの調査をしている人も，被害問題に取り組んでい

る人も，また自然保護関係の人もいて，シカについていろいろ調べているはずだ。

　ではこういう専門家はシカと植物について長い間研究を続けてきたかといえば，そうではない。私が研究を始めた1970年代，シカと植物のことに取り組んだ研究者は実質ゼロだった。今思えば不思議なことだが，それを考えるのは研究史としても意味がありそうだ。

シカ研究略史

　日本の大型獣研究は欧米とは大きく立ち遅れ，1970年代に紹介されるようになった北アメリカでの研究を見ると，野生動物の生息状況も研究環境も違いが大きすぎて，そのようなレベルの研究は日本ではできないように思われていた。ただし中型哺乳類であるニホンザルの研究は今西錦司にリードされて独自の発展をし，国際的な評価を受けていた。そうした中で東京農工大学の丸山直樹（敬称略，所属は当時，以下同）により日光においてシカの季節移動や密度調査が開始された。ほぼ時を同じくして岸元良輔（大阪市立大学）や赤坂猛（東京農工大学）などによりカモシカの調査も始められた。当時，シカについての情報は限定的だったので，丸山は西日本のシカ生息地を訪問して，現状の把握に努めた（丸山・三浦1976）。北海道大学の大泰司紀之は個体群学的な視点から奈良公園や対馬のシカの齢査定や個体群構造などを明らかにし，その流れは梶光一により個体群管理学的な展開をすることになった。奈良公園ではシカについての総合的なプロジェクトが行われ，三浦慎悟（兵庫医科大学，当時）が社会行動学的な成果をあげた（Miura 1984）。宮城県の金華山島にはシカがいることが知られていたが，ここでは古く吉井義次・吉岡邦二によってシカによる植物群落への影響の調査が行われていた（吉井・吉岡1949）。ここでは1960年代に行われた国際生物事業（IBP）によって日本初の野生大型獣の個体数調査が行われた。私はこの島のシカの食性を解明し（Takatsuki 1980a），群落への影響（Takatsuki 1977）も調べた。また西日本のシカが生息する島で群落への影響を調査した（和歌山県の友が島，奈良公園，愛媛県の伊予鹿島，長崎県の野崎島，熊本県の阿久根島）。当時，シカの生息地は限られており，研究対象とできる個体群も限定的であった。

　1990年代になると，各地でシカによる農林業被害が報告されるようになった。北海道では牧場の被害も大きく，東北地方では岩手県の五葉山（高槻

1992），関東地方では日光（辻岡 1999），丹沢など，近畿地方では大台ケ原（柴田・日野 2009），奈良の春日山（前迫 2013），中国地方では宮島，九州では長崎の野崎島，鹿児島の屋久島などで調査が進められ，いくつかの場所では農業被害だけでなく，自然植生への影響が深刻であると指摘されるようになった。

　1990 年代はシカの増加がはっきりしてきた年代だが，自然保護の考え方に変化が生じた年代というとらえかたが可能であると思う。伝統的な自然保護ということばが，この年代から保全ということばにとって代わられる傾向が強くなった。それは 1990 年代によく耳にするようになった「生物多様性」という概念とも関連していると思う。これは 1992 年のリオデジャネイロでの「地球サミット」（環境と開発に関する国際連合会議）でアピールされて以来，国際的にその重要性が強調されるようになった。このような流れを受けて，マスコミでも多用されるようになった。1993 年には「生物の多様性に関する条約（生物多様性条約）」が発効し，日本もこれを批准し，その後 1995 年には「生物多様性国家戦略」ができた。

　こうした動きは，人口増加にともなう自然破壊による野生動植物の絶滅の危機を回避することに由来するから，従来の「自然保護」と違いがあるわけではない。しかし，日本の自然保護シーンでは，この「原生自然を人の悪影響から守る」という意味での保護には行き詰まりが生じるようになった。シカはその好例であるが，シカを「保護すれば」植物に強い影響があって，一部の植物は減少あるいは消滅する。これは植物側からすれば「保護ではない」ことになる。

　同時に日本の農業社会に大きな変化が起きて，農村地帯で過疎化が進み，そのことが野生動物による農業被害を深刻なものにした。そのような状況で野生動物の「保護」は深刻な矛盾を内包していった。

　さらには世界中から物資が大量に集まるようになったために外来種問題も大きくなってきた。ブラックバスなどの外来魚やセイタカアワダチソウなどの外来雑草が在来動植物に深刻な影響をおよぼすようになってきた。これらを放置したら，たいへんなことになることは容易に理解され，駆除は必然とされた。これは「保護」ではない。

　こうした変化に対しては，従来の「保護」という考えかたを改め，動植物を管理しなければ問題が解決できないことが理解されるようになった。そう

した動きにより，自然保護シーンでも，脆弱な生物を守る「保護」から，人が管理することを包含する「保全」が必要であるという認識が定着してきた。

1996年に『保全生態学入門』（鷲谷・矢原1996）と『保全生物学』（樋口1996）が出版されたこともその流れの現れである。

私は保護から保全への変化に，シカ問題の存在が影響したと思う。

2000年代になるとシカの拡大はさらに加速した。少し前から起きていたことではあるが，シカが高山帯にまで進出するとか（増沢2008），尾瀬湿原や釧路湿原（冨士田ほか2012）など，以前には想定していなかった環境にまでシカの影響がおよぶようになった。これに呼応してシカの研究が多くなった。そして，シカの遺伝学，繁殖学，個体群学とその応用としての個体群管理，食性，生息地利用，季節移動などの研究が大いに進んだ。シカの生息地関連の研究にはGPS機器の発達によるところが大きい。ただし本書のテーマである植物への影響に関する研究がシカ研究者によって行われたことはほとんどない。私はその背景には日本の動物学では植物を勉強する教育体系が十分でないからだと考えている。ある動物研究者にシカの食べている植物のことを質問したら「青草だ」と答えたので驚いた。現地で見たらそれはスズメノカタビラであった。他方，アメリカで開催された哺乳類学会のエクスカーションでステップに行ったとき，私がイネ科の花を採取して観察していたら，哺乳類研究者が名前を教えてくれ，日本にもあるカゼクサと同属だったので，納得した。周りにいた人も，一般にはむずかしいとされるイネ科の名前をよく知っていて，野外生態学の教育の彼我の違いを痛感した。

さて，シカの増加にともなう研究者の増加を反映して，関連の学術雑誌である「保全生態学研究」（日本生態学会），「哺乳類科学」（日本哺乳類学会），「野生生物保護」（野生生物保護学会）などだけでなく，「日本林学会誌」（日本森林学会），「森林科学」（同），「植生学会誌」（植生学会）などにもシカ関連の論文がない号はないという状況になってきた。また，シカやその影響に関する書籍も出版されるようになった（高槻1992，2006，梶ほか2006，湯本・松田2006，McCullough et al. 2008，柴田・日野2009，依光2011，前迫2013）シカ研究が進んだことには行政の要請に応える形で予算確保が可能になったという事情が大きい。

シカ研究者による研究成果は後述するが，以上のようにこれまでのシカ研究の流れを振り返ると，関連文献がなくて探すのに苦労した時代から，現在

では報告書などには目を通すことができないほど情報が多くなったという大きな変化が起きた。

植物生態学からのアプローチ

　植物生態学の視点からシカの影響を記述したのは我が国では吉岡（1949）を嚆矢とする。調査は金華山島で行われ，公表は1949年だが，調査は1945年であり，太平洋戦争直後である。この中でシカが好んで食べる植物と，嫌って食べない植物を整理している。吉岡はシカのいる金華山島で多い植物はシカが採食しないから食べ残されて増えるという前提で整理をしている。そして金華山島に多いシバをその一例としてとりあげている。後述するようにこれは誤りであり，吉岡自身がシカがシバ群落で採食するのを観察しているはずであり，この誤りは「食べられれば減るに違いない」という前提で結果を強引に解釈したことによる。

　このことは同じ時代に行った吉良（1952）の研究と対比的である。吉良は当時流布していた「現存量（ある時点における植物の重さ）が小さいことは生産力が弱い」とすることが正しくないことを実証するために奈良公園のシバを用いた実験をし，シバが現存量が小さいが生産力が大きいことを見事に示した。吉良の研究にはこのように本質を突くものが多い。

　その後は植物生態学からのシカの研究はほとんどない。それは牧場の家畜を除けば植物群落と草食獣の関係は特殊な現象であり，日本の植物群落を研究するには，気温，降水量，積雪，地形などの無機的要因の解析をすべきだという空気が卓越していたからである。そのことは現在でも大局的に正しく，そのことに問題はないが，自然群落でも草食獣の影響を受けていることは大陸で調査すればすぐに理解されることであり，それがない日本の群落が特異であることには気づくべきであったろう。私の知る限り，日本の山に草食獣がいないことが特異で，ササの繁茂はそのことによると指摘した唯一の人は農学者の中尾佐助である。

　ただし，こうした中でも草原について研究した植物生態学者もおり，彼らは必然的に群落を動的にとらえ，家畜との関係に関心をもっていた。日本の植生は高温多雨な夏に支えられて森林群落が卓越し，草原は採草や放牧というストレスによって植生遷移の進行を妨げることで維持される。このため植物生態学でも草原の調査は少なかったが，沼田眞を中心とするグループは「草

地」生態学を進めた．これにより，ススキ，シバ，ササなどについての種生態も，群落レベルでの研究も進んだ（沼田 1973, 1976）．

　1970 年からしばらくは群落分類学が隆盛した．これは種組成をもとに群落間の種の異同をもとに，群落を「分類」し体系化するが，そのアプローチに動的な視点は弱かった．ある群落はこういう種で構成されており，別の群落とはこういう種群の有無によって区別するという作業からは，なぜそうであるかという疑問は生まれにくい．

　こうした中から，たとえば森林ギャップに着目して，群落を動的にとらえようとする流れが生じた．群落は構造的に一様ではなく，1 本の木が倒れることで，それまで林床の暗い環境で生育していた下層植生の植物の生長が変化し，森林は時間的空間的に動的に動くものであること，その変化には構成種の種特性が関与しているという視点から興味深い事実が次々に明らかにされていった（Yamamoto 1992，中静 2004 など）．

　すでに紹介した吉岡のシカ影響の論文について，私は弱点を指摘したが，吉岡は同じ頃に別の論文を書いている（Yoshioka 1960）．これはシカのいる金華山島の森林の垂直構造は低木層が欠けているということから，森林更新に言及したものである．その意味では吉岡は古い時期に森林動態とシカの影響に着眼していたといえる．

　こうした研究例に示されるように，植物生態学では 1980 年代から，群落分類学という静的な見方から，種の特性を理解したうえで群落を動的にとらえるというアプローチがうねりを見せるようになった．

　シカが採食によって群落に影響をおよぼすという現象は文字通り動的であり，私は種組成で群落を分類することには関心がもてなかった．群落分類することはできても，それで何かを説明したことになるとは思えなかった．最初に――本書のテーマとも関連するが――金華山島で柵で囲われて 5 年たったアズマネザサ群落を，シカの採食影響下のものと比較した（Takatsuki 1980b）．これでわかったのは，アズマネザサはシカの採食で草丈が非常に低くなるが，葉の位置を下げ，草丈の低下を補うほど高密度になることだった．

　それから，やはり柵を用いた調査で，金華山島のブナ林の構成木の太さと本数，実生の密度を調べた（Takatsuki and Gorai 1994）．それにより金華山島のブナ林は太い木が多く，細い木，特に直径 10 cm 未満の木が非常に少ないことがわかった．この島のブナ林はもともとはスズタケが生えていたはず

であるが，今ではハナヒリノキに被われている．この低木は有毒であり，シカがまったく食べない．本土の森林では目立たない存在であるが，ここではもともとのスズタケの位置を占めている(1-3, 図2)．柵の中には実生がたくさんあるのだが，おもしろいのは，柵の外でもブナの実生がハナヒリノキの中にはあって，その高さである 50 cm くらいまでは伸びているのだが，それを超えるとシカに食べられて盆栽状になっていることである(1-3, 図3)．

その後，しばらくはシカの影響についての研究は少なかったが，1990年代以降は Akashi and Nakashizuka (1999), Yokoyama et al. (2001), Nomiya et al. (2003), Tsujino and Yumoto (2004), Ito and Hino (2005), Nagaike (2012) などすぐれた研究が公表されるようになった．私はこれまでの日本のシカと植生の問題を総説した (Takatsuki 2009)．

引用文献

Akashi N, Nakashizuka T (1999) Effects of bark-stripping by Sika deer (*Cervus nippon*) on population dynamics of a mixed forest in Japan. Forest Ecology and Management, 113:75-82

冨士田 裕子, 高田 雅之, 村松 弘規, 橋田 金重 (2012) 釧路湿原大島川周辺におけるエゾシカ生息痕跡の分布特性と時系列変化および植生への影響. 日本生態学会誌, 62:143-153

樋口 広芳 (編) (1996) 保全生物学, 東京大学出版会, 東京

Ito H, Hino T (2005) How do deer affect tree seedlings on a dwarf bamboo-dominated forest floor? Ecological Research, 20:121-128

梶 光一, 宇野 裕之, 宮木 雅美 (2006) エゾシカの保全と管理. 北海道大学出版会, 北海道

吉良 龍夫 (1952) 生態学的にみたいわゆる過放牧々野. 植物生態学報, 1:209-213

前迫 ゆり (編) (2013) 世界遺産春日山原始林 – 照葉樹林とシカをめぐる生態と文化 –. ナカニシヤ出版, 京都

増沢 武弘 (2008) 南アルプス お花畑と氷河地形. 静岡新聞社, 静岡

丸山 直樹, 三浦 慎悟 (1976). シカ（四出井 綱英, 川村 俊蔵 編著）追われる「けもの」たち – 森林と保護・害獣の問題, 60-75. 築地書館, 東京

McCullough, DR, Takatsuki S, Kaji K (eds) (2008) Sika deer: Biology, and management of native and introduced populations, Springer

Miura S (1984) Social behavior and territoriality in male sika deer (*Cervus nippon* Temminck 1838) during the rut. Zeitschrift für Tierpsychologie, 64:33-73

Nagaike, T (2012) Effects of browsing by sika deer (*Cervus nippon*) on subalpine vegetation at Mt. Kita, central Japan. Ecological Research, 27:467-473

中静 透 (2004) 日本の森林. 東海大学出版会, 神奈川

Nomiya H, Suzuki W, Kanazashi T, Shibata M, Tanaka H, Nakashizuka T (2003) The response of forest floor vegetation and tree regeneration to deer exclusion and

disturbance in a riparian deciduous forest, central Japan. Plant Ecology, 164:263-276
沼田 眞(監修) (1973) 草地の生態学. 築地書館, 東京
沼田 眞(編) (1976) 草地調査法ハンドブック. 東京大学出版会, 東京
柴田 叡弌, 日野 輝明 (2009) 大台ケ原の自然誌－森の中のシカをめぐる生物間相互作用. 東海大学出版会
Takatsuki S. (1977) Ecological studies on effect of Sika deer (*Cervus nippon*) on vegetation, I. Evaluation of grazing intensity of Sika deer on vegetation on Kinkazan Island, Japan. Ecological Review, 18(4):233-250
Takatsuki S (1980a) Food habits of Sika deer on Kinkazan Island. Science Report of Tohoku University, Series IV (Biology), 38(1):7-31
Takatsuki S (1980b) The effects of Sika deer (*Cervus nippon*) on the growth of *Pleioblastus chino*. Japanese Journal of Ecology, 30:1-8
高槻 成紀 (1992) 北に生きるシカたち. どうぶつ社, 東京
高槻 成紀 (2006) シカの生態誌. 東京大学出版会, 東京
Takatsuki S (2009) Effects of sika deer on vegetation in Japan: a review. Biological Conservation, 142:1922-1929
Takatsuki S, Gorai T (1994) Effects of Sika deer on the regeneration of a *Fagus crenata* forest on Kinkazan Island, northern Japan. Ecological Research, 9:115-120
Tsujino R, Yumoto T (2004) Effects of sika deer on tree seedlings in a warm temperate forest on Yakushima Island, Japan. Ecological Research, 19:291-300
辻岡 幹夫. 1999. シカの食害から日光の森を守れるか. 随想舎, 栃木
鷲谷 いづみ, 矢原徹一 (1996) 保全生態学入門——遺伝子から景観まで. 文一総合出版, 東京
Yamamoto S (1992) The gap theory in forest dynamics. Botanical Magazine, Tokyo, 105:375-383
Yokoyama S, Maeji I, Ueda T, Ando M, Shibata E (2001) Impact of bark stripping by sika deer, *Cervus nippon*, on subalpine coniferous forests in central Japan Forest Ecology and Management, 140:93-99
依光 良三 (2011) シカと日本の森林. 築地書館, 東京
Yoshioka K. (1960) Effect of deer grazing and browsing upon the forest vegetation on Kinkazan Island. Science Report of Faculty of Art and Science, Fukushima University, 9:7-27
吉井 義次, 吉岡 邦二 (1949) 金華山島の植物群落. 生態学研究, 12:84-105
湯本 貴和, 松田 裕之 (2006) 世界遺産をシカが喰う シカと森の生態学. 文一総合出版, 東京

1.2 シカという動物

高槻成紀

ニホンジカとは

　シカとはどういう動物であるかを，植物への影響という視点から考えてみたい。

　ニホンジカは伝統的にエゾシカ，ホンシュウジカ，キュウシュウジカ，ヤクシカなどと地方ごとに「亜種」に分けられていた。北の集団ほど体サイズが大きく，エゾシカはオスなら100 kgを超えるものもおり，メスでも70 kgにもなる。ホンシュウジカはオスが80 kg，メスは50 kg前後である。ヤクシカは小さくオスでも40 kg，メスは30 kgしかない。こういう体サイズの変異はあるが，遺伝学的研究はこれらは「亜種」ではなく，ニホンジカは南北の2集団しかないことを示した（Nagata et al. 1999）。その南北の境界は兵庫県にあり，意外なことに房総半島の小型のシカもエゾシカも遺伝的には同じ集団である一方，外見で違いがあるとは思えない中部地方のシカと中国地方のシカは別の集団だということになる。

　名前はニホンジカだが，中国北部からベトナムにいたる東アジアの広い範囲（台湾にも）に分布する。ただし中国では広い範囲で地域的絶滅＊が起きている。また英語ではsika deerと，日本人には奇妙な呼び方をする。

　シカ科には30あまりの種がおり，北半球に広く分布するアカシカはニホンジカと同属で，体重は200 kgにもなるし，角も10本くらいに枝分かれする。北アメリカには，大きさはニホンジカほどだが角の形が違うミュールジカの仲間がいる。ヘラジカは体重が500 kg以上もある巨大なシカで，日本列島からも化石が出土している。また歴史的にはさらに大きなシカもいた。一方，ノロジカとか，キョンのようにニホンジカより小型のシカもいる。

＊地域的絶滅：ほかの場所では生き延びている集団がいるが，ある場所で絶滅すること。

図1　交尾期のオスジカ
屈強なオスが複数のメスを確保してハーレムを形成する。

繁殖，行動

　ニホンジカは通常1頭が生まれ，新生児の体重は5 kgほどである。6月くらいに生まれて，最初は母親のミルクをのむが，しばらくすると草を食べるようになり，すくすくと成長して秋までには20〜30 kgになる。

　交尾期は秋（10月くらい）で，一夫多妻性であり，オスはメスを独占しようと排他的になる。メスを独占するオスは体力があり，経験が豊富である（図1）。ホンシュウジカのメスでは体重が30 kg後半になると妊娠率が高くなる。1歳の秋にこの体重に到達する個体がおり，そういう個体は妊娠する可能性が大きい。体重の増加は栄養状態によるので，よい環境にいる集団では1歳メスの多くの個体が妊娠するが，劣悪な環境の集団はほとんどの1歳メスは妊娠しないことになる。2歳になるとほとんどのメスは体重が40 kgあるいはそれ以上になるので，妊娠率は高くなる。通常の集団であれば，その後も基本的に毎年妊娠する。

　野生状態では最初の冬の死亡率が高いが，その後は急に死亡率が低くなり，だいたい10歳までで寿命となる。メスはほぼ死ぬまで子供を産み続ける。

　シカは警戒心が強い。それは草食獣に共通のことで，捕食者に対する適応的な性質である。耳が大きく，聴覚はよい。つねに耳を動かして異常がないか警戒する。視覚はさほどよくないが，対象物が動くことには敏感に反応する。しかし，対象物がじっとしているとわからなくなるようだ。嗅覚もよいようで，植物の葉を食べる前にはにおいをかぐ。

　走力はすぐれており，特にダッシュ力は非常にすぐれている。ただし草原のウマやガゼル類に比較すると上下動が大きく，平坦地を長距離走るのはあ

まり得意ではない。これは，日本の地形が急峻であり，外敵から逃れるためには，斜面をかけ登って，尾根を越えるのが有利なためと思われる。

日本のシカ生息地の多くは狩猟地であるため，シカは非常に警戒心が強く，夜行性であることが多い。しかし奈良公園のシカで知られるように，安全であれば昼間でも活動する。

現在，過疎化した農地では，シカが大胆に農地に侵入することがある。これに対して爆竹などシカが驚く物で追い返す努力がなされるが，効果は最初だけで，危険がないことがわかると次第に大胆になる。これも多くの草食獣で知られていることである。

子鹿は母親のもとで育ち，オスは3歳くらいになると母親のもとを離れるが，メスは一生を母親とともにすごす。2歳くらいで出産するから，母親のもとには孫もおり，直系の家族が数頭で近い距離で生活する。そして目でみえる範囲あるいは声を出せば確認できるくらいの範囲に広がって植物を食べて暮らす。危険を感じるとお互いが接近して群れをつくる。落葉樹林帯では冬になると木々が落葉して，見通しがよくなるので，シカは不安を感じて大きめの群れをつくるようになる。

行動圏はあまり広くない。金華山での観察では直径100mほどの中で1日をすごす。近畿地方の大台ケ原での調査ではオスでは210 ha，メスでは80 haと広かった（前地ほか2000）。また牧場を利用する集団の場合，昼間は森林内で過ごして，夜になると牧場に出て来るものがいるが，牧場との距離によっては数百メートルを移動することもある。

積雪地では夏は山に広く広がっているが，冬になると積雪を避けるように低地に降りて，そこで非常に高密度になることがある。移動距離は数百メートルから数十キロにおよぶこともある。北海道では120 kmも移動した例がある（Igota et al. 2004）。

グレーザーとブラウザー

体重が50 kgほどのニホンジカは1日に5 kgほどもの植物を食べる。カモシカ（ニホンカモシカ）は体重が40〜50 kgでシカよりは一回り小さい。シカもカモシカも葉食性の草食獣であるが，シカはイネ科をよく食べるのに対して，カモシカはイネ科は好まず，低木類や双子葉草本をよく食べる。イネ科は構造的に葉が細長く，自らで支えるために丈夫であり，セルロース（植

物の細胞壁や繊維の主成分である炭水化物。地上に最も多い炭水化物である）部が多く，また珪酸体（植物体を丈夫にするためのガラス質の物質）を多く含む。そのため消化過程で粉砕されにくく，消化率が低い。これに対して双子葉植物は葉身と葉柄が分化しており，葉柄とこれに続く葉脈は丈夫だが，葉身の多くは柔らかく，消化されやすい。

　シカもカモシカも反芻獣である。反芻獣は食べた植物の葉を一度胃（第一胃）に入れたあと，第二胃に移動させて，もう一度食道を逆流させて口内で歯ですりつぶす。その後もう一度飲み込んで，細かく砕けた葉片を再度第一胃，第二胃を通過させる。第一胃，第二胃は発酵槽であり，原生動物が生息し，その働きで植物の細胞壁が破壊されて細胞内の原形質が利用できるようになる。その後，内容物は第三胃に移動させて，水分を吸収し，第四胃で胃液を分泌して消化吸収する。そして食物はその後も長い腸をゆっくり移動して栄養が吸収される。このような反芻機能はウシ科でよく発達しており，ウシや同じウシ科のヒツジやヤギでも同様である。長い物の譬えとして「羊腸」というのは，ヒツジの腸が長いことを知っている中国の牧民の知識による。

　同じ反芻獣でも体サイズの大きい動物はイネ科など消化しにくい植物の葉を食べる傾向がある。これは一般に森林よりも草原で地表植物の量が多く，その草原ではイネ科が多いからである。内陸アジアでも，北アメリカでも，アフリカのサバンナでも草原にはイネ科が優占する。そして多数の草食獣に食料を供給している。低質な食物が大量にある場合，体重あたりの代謝率が小さい大型獣でなければ生存できない。

　こういう環境は当然，見通しがよいから，草原にすむ草食獣は捕食者の攻撃に対して大きい群れを形成して防衛し，土地に対する執着はなく，しばしば季節移動をする傾向がある。これに対して森林にすむ草食獣は，生息地の見通しが悪いから，単独か小群で生息し，土地執着性が強くて，しばしばなわばりをもつ。体サイズは草原生のほうが大きく，森林生のほうが小さい傾向がある。アフリカのサバンナでは草原生の代表はヌーやアフリカスイギュウなどであり，森林生はディクディクなどであり，北アメリカでは草原生の代表はバイソンとウマ*であり，森林生の代表はミュールジカであろう。

　草原生の草食獣をグレーザー，森林生の草食獣をブラウザーとよぶが，これは食性に由来する命名である。グレーザーは grazer であり，放牧 graze に由来する。つまりイネ科草原でイネ科 grass を食べる草食獣という意味であ

る。ブラウザーは browser であり，これはアメリカ語で，アメリカでは木本類のことを browse というため，木本の葉をつまみ食いすることも browse（動詞）といい，そうする動物のことを browser という。イネ科の場合はまとめて大きな口で食べるというイメージだが，ブラウズは選択的につまみ食いするというイメージである。余談ながら図書館にブラウジング・ルームという部屋があるが，目的をもって特定の書物を探すのではなく，雑誌などをパラパラと「つまみ食い」するように眺める部屋という意味である。

このグレーザーとブラウザーという類型は体重が一桁違うような動物の対比で典型的に見られるが，シカとカモシカでも大まかにはあてはまる。シカのほうが一回り体重が重く，イネ科をよく食べ，森林にいることが多いが，牧場や伐採地があれば夜間に出て来る傾向があり，大きい群れを形成する。これに対してカモシカはひとまわり小さく，林床の良質な低木の葉を食べ，森林に単独で生活し，なわばりを持つ。八ヶ岳にはシカもカモシカも生息するが，ここで糞分析によって食性を分析したところ，植物が豊富な夏にはシカはミヤコザサを主体とした食性をもっていたが，カモシカでは双子葉草本が多かった（Kobayashi and Takatsuki 2012）。しかし植物が乏しくなる冬にはカモシカもある程度ミヤコザサを食べるようになって，両種の類似性が大きくなった。そして，糞中の植物片の粒径組成をみると，シカでは大きい植物片が多いが，カモシカでは微細片が多く，シカが消化率の低いイネ科を主体とした食性を持っているのに対して，カモシカは選択的に良質な植物を食べていることを裏付けていた。

シカとカモシカは行動学的な特性も違い，シカは多数が高密度でいることに耐性があるが，カモシカは他個体が近くにいることを嫌い，なわばりを持つ。その結果，シカは高密度になることがあり（図2），その場合は植物群落に強い影響を与える（口絵1-①）。シカはグレーザー的であるから，食性の幅が広く，生息地にいる植物のほとんどを食べる。別項で述べるように植

＊：ウマは反芻獣ではなく，単胃（1つの胃。反芻獣がもつ複数の胃に対する語）の草食獣である。ウマは草原に適応した典型的な草食獣であるが，反芻獣とは違う適応をした。まず歯がきわめて大きく，歯根（歯の歯冠部分と顎をつなぐ根状の部分）が深い。この歯によって硬いイネ科の葉を強く破砕する。胃は単胃であるから，消化力は弱く，早く通過する。ただし盲腸がよく発達しており，ここで発酵し，腸で吸収する。それでも全体としての消化率は 50% 前後と低く，馬糞には粗い藁のような，未消化の植物片が含まれている。これに比べればウシやシカの糞に含まれる植物片は非常に細かく分解されている。ウシの消化率は 70〜80% と高い。

図2 シカの群れ (1986年7月 宮城県金華山島) 見通しのよい場所では大きい群れとなることがある。

物は動物に食べられないように，植物体内に忌避物質（動物に食べられないように合成され，植物体内に蓄積される味や匂いが不快な物質）を含有するものがあり，このような植物を除けば，シカはたいていの植物を食べるといってよい。これに対して，カモシカは食物が十分にあってもなわばりによって密度が高くならず，低密度で生活するため，カモシカ生息地の植物は強い影響を受けることがない。山形盆地はカモシカの密度が高い場所だが，生息地内の植物ではイヌツゲやハイイヌガヤなどの常緑低木がわずかに盆栽状になっているだけで，シカに比較すればはるかに採食圧が弱い。

　多雪地に生息するシカ集団は夏には山地に広く生息しているが，冬になると雪を避けて低地に移動する。もともとは雪が少ない平地にまで降りていたと推定されるが，現状では平地は住宅地が多く，また可猟地があるために，シカは危険で降りることができない。このため上からは雪に，下からはハンターにはさみうちにされて，山の保護区の下方の限られた場所で非常に高密度なシカ越冬集団が形成されることになる。そのような場所では常緑のササはすぐに食べ尽くされ，枝先などもつまみ食いされ，そして枯葉や樹皮まで食べるようになる（口絵1-③）。そして直径が1mを超えるような木でも樹皮が剥がれれば枯れてしまう（口絵2-①）。

ニホンジカの食性

　私は吉井・吉岡（1949）のシカの群落への影響に関する論文を批判的に紹介したが，それは，吉岡がシカの影響下で成立した群落の優占種はシカが食べないから多いと単純に解釈して，現実に起きている現象を誤って解釈した

からである。群落は多様な環境要因によって成立維持されるから，その要因を十分に理解しなければならない。そのために無機環境については，気温について温量指数（植物の生理活動に重要な5℃以上の温度を合計した指数）の概念が生まれたり，地下水位の植物にとっての意味を評価するための努力がなされたりした。草食獣の採食も群落に影響を及ぼしている要因なのであるから，当然その実態も解明されなければならないが，我が国の植物生態学においては動物の理解は弱かったといえるだろう。

　私はそういう意味で群落を理解するために群落組成を変える要因としてのシカの食性を定量的に知る必要があると考え，文献を探したが，役に立つ情報はほとんどないことがわかった。1970年代の後半のことである。1967年にケニアのサバンナの草食獣の食性研究で糞分析が開発され，この分野での分析技術に道を開いた（Stewart 1967）。私はこの分析法を確認し（Takatsuki 1978），金華山のシカに応用した（Takatsuki 1980）。これにより，1）わずか10 km^{2}ほどの小島においてもシカの食性は場所ごとに大きな違いがあること，2）季節的にも明瞭な変化があること，3）そのような変異にもかかわらず，シカの食性においてはイネ科が重要であることがわかった。この研究は重要な内容を含んでいた。ひとつはニホンジカはグレーザーであるかもしれないことを示唆したこと，次にここではアズマネザサであったが，ササが特に冬に重要になるということ，また逆に場所によってはシバが夏に重要になることなどである。

　その後，各地のシカの食性が分析されることになったが，最大の成果は北日本のシカにとってササが重要であるということの発見である。

　当時シカ生息の情報が限られており，東北地方では岩手県の五葉山，関東地方の栃木県の日光，北海道などのサンプルの分析を試みた。分析は金華山のときより楽だった。それはササが大半を占めていたからである。ササ類は表皮細胞が独特の形をしているので，ほかのイネ科との識別も容易である。その後の分析を含めると，冷温帯の落葉広葉樹林でササ，特にミヤコザサが秋から春にかけてシカの主要な食物になっているということがわかった。例は北から，北海道白糠丘陵（Campos-Arceiz and Takatsuki 2005），岩手県五葉山（Takatsuki 1986），栃木県日光（Takatsuki 1983），栃木県高原山（Ueda et al. 2003），山梨県乙女高原（Takahashi et al 2013），奈良県大台ヶ原（Yokoyama et al. 2001）などである。

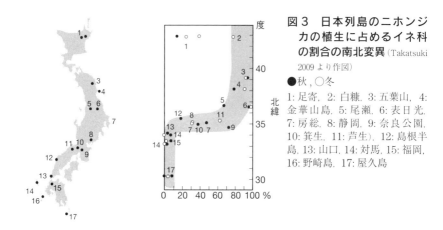

図3 日本列島のニホンジカの植生に占めるイネ科の割合の南北変異 (Takatsuki 2009 より作図)
●秋, ○冬
1: 足寄, 2: 白糠, 3: 五葉山, 4: 金華山島, 5: 尾瀬, 6: 表日光, 7: 房総, 8: 静岡, 9: 奈良公園, 10: 箕生, 11: 芦生), 12: 島根半島, 13: 山口, 14: 対馬, 15: 福岡, 16: 野崎島, 17: 屋久島

　一連のシカ食性分析でわかったことのもうひとつは, 南北日本でシカの食性が違うということである (Takatsuki 2009)。奈良公園はやや特殊であるが, シバなどが多かった (高槻・朝日 1977)。山口県では冬にササはなく, ジャノヒゲやドングリなどが多かった (Jayasekara and Takatsuki 2000)。
　このような地理的変異は, 大きくみれば日本列島の植生帯に対応している (図3)。そうであれば植物生態学で知られるように, ひとつの場所でも垂直的に同様の変異があるはずである。実際, 岩手県五葉山の分析では標高が高くなるにつれてミヤコザサが多くなったし (Takatsuki 1986), 表日光の分析では逆に調査地の下方にある山地帯でミヤコザサが多く, 2000 m を超える女峰山では高山性のイネ科に置き換わった (Takatsuki 1983)。ただし, これらの場所はいずれも落葉樹林帯に含まれる。私としては日本列島の南北に対応するスケールが垂直分布に反映している場所を示したかった。そして屋久島に着目した。屋久島では照葉樹林帯から山地帯を経て, 山頂の宮之浦岳一帯はヤクザサ (ヤクシマダケ) に被われている。屋久島でのヤクシカの糞分析の結果, 低地では双子葉植物が多く, 山頂付近ではササが多いことが確認された (Takatsuki 1990)。
　日本列島は南北に長く, きわめて多様な生態系があるが, シカはその全域をカバーしている。そのため必然的に食性も多様である。北日本の冷温帯落葉樹林帯ではササが重要であるが, そればかりではなく, 四季の違いが明瞭であり, シカにとっては特に冬をいかに過ごすかが重大な問題である。冬に備えての脂肪蓄積や積雪に対応した季節移動などはその例である。これに対

図4　枯れたススキの桿(かん)を食べるシカ（2000年3月　宮城県金華山島）

して南西日本の暖温帯の常緑樹林下では食料となる植物は少ないが，しかし冬になってもさほど減少しないので，シカは安定的な食料環境の中に生きていることになる。したがって脂肪蓄積はあまりせず，行動圏の季節変化も小さく，長距離の移動などはしない（Yabe and Takatsuki 2009）。

シカとササ

　糞分析の結果，北日本の落葉広葉樹林に生息するシカはササをよく食べるということがわかった。ここでその理由を考えてみたい。

　草食獣にとってよい食料になる植物が備えるべき条件は何であろう。すぐ考えられるのは栄養価があって豊富にあることである。ササは常緑であり，日本の落葉広葉樹林にはしばしば大量にあるからこれらの条件を備えている。このことは我々日本人には常識のようなことだが，しかし世界全体からみれば，冷温帯の森林に四季を通じて豊富にある植物ははなはだ珍しいのである。冷温帯において葉をつけたまま越冬するのは危険であるから，多くの植物は落葉性となった。イネ科は地上部を枯らす適応をした。草本類は地上部を枯らせて，地下茎や，種子のような安全な形で休眠して冬をやりすごす。したがって冷温帯では草原でも森林でも地表近くには常緑植物はほとんどないといってよい。このことは草食獣に生存にとってきわめて重要な意味をもつ。彼らは秋までによく食べて体脂肪を蓄積し，その備蓄を消費しながら，枯葉や枯れ草を食べて冬を乗り越えるのである（図4）。

　ところが日本列島の冷温帯はササが豊富にあるという意味で例外的である。カラフトにはチシマザサ系のササがあるが，人の作った国境をとりはらって地図を見れば，沖縄から樺太までは一連の列島であることがわかる。東

アジアなのだから，中国でも同様であろうと思うとそうではなく，中国では山東半島以北にササはない。九州以北の大半に対応する緯度帯にササはないのである。中国は竹の国というイメージがあり，事実多様な竹が生育するが，日本のササのような竹はない。ジャイアントパンダが食べるササは高さ2,3mのネザサに似た細かい葉を多数つけるタイプである。ここで「日本のササ」というのはチマキザサなどに代表されるような高さは1mほどで少数の大きな葉をつけるササのことである。「笹」がそのイメージだが，これは国字である。

　日本列島だけに小型で大きい葉のササが生育する理由は今後解明すべき課題だが，多雪であることが関係している可能性が大きい。日本海の成立以降，日本海側は多雪地となった。雪の中は湿度が高く，温度はほぼ0℃以下にはならない，植物にとっては安全な環境である。したがって植物の高さが雪の深さ未満であれば葉も芽（越冬芽）も安全である。しかし雪が少ないと乾燥した冷たい風が吹き，危険である。大陸の環境では雪が少なく，常緑植物が越冬するには困難が伴うはずである。日本列島でも東北地方太平洋側には常緑樹が少ない。Suzuki（1961）はミヤコザサの冬芽が地表近くにしかなく，その結果体制が地上で枝を打たないきわめてシンプルなものであることを，雪が少ないことに対する適応であると説明した。そして，ミヤコザサ分布の西限であるミヤコザサ線が，積雪50cmの等値線と対応することを見いだした。

　シカの脚の長さは60cmほどであり，面積の小さい蹄では雪に沈んでしまうため，雪の深い山に生息するシカは冬には低地に移動する（Yabe and Takatsuki 2009）。その結果，大局的にみると，東北地方のシカの分布は多雪地を避けるように太平洋側に限定的である。やや雪の多い地方にもシカがいた証拠はあるが，現在は分布していない。これは狩猟圧により絶滅したためと考えられる。雪の中で動けなかったシカを捕らえるのは容易である。

　北海道では積雪50cm以上の場所にもシカが生息しているが，エゾシカはホンシュウジカよりは脚が長く，また北海道は低温であるために雪質がサラサラであり，同じ深さであればシカが歩きやすい。このためホンシュウジカよりは雪の深い場所にも生息できるものと推察される。

　以上をまとめると，ミヤコザサは日本列島で独特に進化した背が低く葉の大きいササ属のうち，最も背が低く，稈から枝を打たない単純な体制のササ

であり，これが雪の浅い場所への適応的な形態である。そしてその生育地はシカの生息地と重なり，シカ集団は特に冬にミヤコザサをよく食べる。そのため，ササは強い採食を受ける。そうであればミヤコザサは減少して，やがて消滅するのではないか。ここにミヤコザサとシカの関係のもうひとつのポイントがある。

　草食獣の食料である条件として栄養価があり豊富にあることをあげた。いわば食料の質と量である。これは牧場の牧草にもあてはまる。しかし牧草とは大きな違いがひとつある。それは牧場では冬に家畜をひきあげ，舎飼いにするということである。牧草は刈り取りにある程度耐性があるが，生育期に生産した植物体を刈り取られればダメージが大きく，再生できる量は限られる。そのためもあり，秋に刈り取って乾草にしたり，サイレージにしたりして，保存して舎飼いの家畜に与える。このことは生態学的にいえば，「食料が乏しくなる冬という季節をなくすこと」といえる。そのことによって，牧養力（環境収容力の牧畜用語）を底上げするのである。逆にいえば，自然界では冬の食物量によって生息可能頭数が決まっている。

　こう考えると，野生草食獣の食料として重要な条件は，質と量に加えて再生力ということになる。質と量が満たされても，一度限りで消滅してしまう植物であれば，次の年には利用できなくなる。では，ミヤコザサにその危険はないのであろうか。

　ミヤコザサはその単純な体制ゆえに，葉の寿命が短く，1年半しかない。初夏に筍を伸ばして越冬し，翌年の秋にはもう枯れてしまうのである。ミヤコザサは秋になると栄養物を地下茎に移動させ，翌年の生育に備える。したがって冬の葉はササにとっては「死に体」に近く，それを食べられることは大きなダメージにはならない。

　これに対して同じササ属のチマキザサや，チマキザサよりもさらに多くの枝と葉をもつチシマザサの場合，葉は数年生き延びる。したがって越冬する葉の多くは翌年の光合成を担わなければならないから，これがシカによって持ち去られると個体群に大きなダメージになる。

　ササというのは林業のやっかいなものでもあった。植林した苗が順調に育つためには雑草は邪魔者であり，特にササが密生すると大きな生育阻害になる。そのために林業では「ササ撲滅実験」が行われた。それでわかったのは，同じ刈り取りをしてもチマキザサではダメージが大きいが，ミヤコザサでは小

図7 シカに葉を食べられたスズタケ(2011年6月 奥多摩)

さいということである(松井1963)。またミヤコザサとスズタケで刈り取り実験をした場合でも同様の結果が得られている(縣ほか1979)。

　スズタケは稈寿命が長く，着葉年数も長いので，シカの影響を受けやすい。奥多摩ではシカの図丘によりスズタケがなくなった場所が多い(図7)。スズタケは地下茎で土壌緊縛の働きをしていたので，それが枯れて分解すれば土壌流失が懸念される。

　以上，シカとササについてとりあげたが，日本列島の森林の大きな特徴のひとつが，ササが豊富であり，その存在は他の植物の生育や，高木種の実生の生育にも，また他の動物の生息状況にも大きく影響していることが理解されたと思う。そうであるから，シカが急激に個体数を増加させて分布を拡大していることは，そのササの生育状況がシカの甚大な影響を受けるということであり，したがって日本の森林全体に大きな意味を持つことを示唆する。

引用文献

縣 和一, 窪田 文武, 鎌田 悦男. (1979) 数種在来イネ科野草の生態特性と乾物生産, II. 刈取りの時期および回数がミヤコザサ群落の乾物生産に及ぼす影響. 日本草地学会誌, 25:110-116

Campos-Arceiz A, Takatsuki S (2005) Food habits of sika deer in the Shiranuka Hills, eastern Hokkaido - a northern example among the north-south variations of food habits in sika deer -. Ecological Research, 20:129-133

Igota H, Sakuragi M, Uno H, Kaji K, Kaneko M, Akamatsu R, Maekawa K (2004) Seasonal migration patterns of female sika deer in eastern Hokkaido, Japan. Ecological Research, 19:169-178

Jayasekara P, Takatsuki S (2000) Seasonal food habits of a sika deer population in the warm temperate forest of the westernmost part of Honshu, Japan. Ecological Research, 15:153-157

Kobayashi, K, Takatsuki S (2012) A comparison of food habits of two sympatric ruminants of Mt. Yatsugatake, central Japan: sika deer and Japanese serow. Acta Theriologica, 57:343-349

前地 育代, 黒崎 敏文, 横山 昌太郎, 柴田 叡弌. (2000) 大台ケ原におけるニホンジカの行動圏. 名古屋大学森林科学研究, 19: 1-10

松井 善喜. (1963) 北海道におけるササ地の育林的取扱いとササ資源の利用について. 農林省林業試験場北海道支場年報

Nagata J, Masuda R, Tamate HB, Hamasaki S, Ochiai K, Asada M, Tatsuzawa S, Suda K, Tado H, Yoshida MC (1999) Two genetically distinct lineages of the sika deer, *Cervus nippon*, in Japanese Islands: comparison of mitochondrial D-loop region sequences. Molecular Phylogenetics & Evolution 13:511-519

Stewart, DRM (1967) Analysis of plant epidermis in faeces: a technique for studying the food preferences of grazing herbivores. Journal of Applied Ecology, 4:83-111

Suzuki S (1961) Ecology of Bambusaceous genera *Sasa* and *Sasamorpha* in the Kanto and Tohoku districts of Japan, with special reference to their geographical distribution. Ecological Review, 15:131-147

Takahashi K, Uehara A, Takatsuki S (2013) Food habits of sika deer at Otome Highland, Yamanashi, with reference to *Sasa nipponica*. Mammal Study, 38:231-234

Takatsuki S (1978) Precision of fecal analysis: a feeding experiment with penned sika deer. Journal of Mammalogical Society of Japan, 7:167-180

Takatsuki S (1980) Food habits of Sika deer on Kinkazan Island. Science Report of Tohoku University, Series IV (Biology), 38(1):7-31

Takatsuki S (1983) The importance of *Sasa nipponica* as a forage for sika deer (*Cervus nippon*) in Omote-Nikko. Japanese Journal of Ecology, 33:17-25

Takatsuki S (1986) Food habits of Sika deer on Mt. Goyo. Ecological Research, 1:119-128

Takatsuki S (1990) Summer dietary compositions of sika deer on Yakushima Island, southern Japan. Ecological Research, 5:253-260

Takatsuki S (2009) Geographical variations in food habits of sika deer: the northern grazer vs. the southern browser. In: McCullough DR, Takatsuki S, Kaji K (ed) Sika Deer: Biology and Management of Native and Introduced Populations, 231-237. Springer, Tokyo

高槻 成紀, 朝日 稔. (1977) 糞分析による奈良公園のシカの食性. (春日顕彰会 編) 天然 (ed), 記念物「奈良のシカ」報告 (昭和51年度), 121-141. 春日顕彰会, 奈良

Ueda H, Takatsuki S, Takahashi Y (2003) Seasonal change in browsing by sika deer on hinoki cypress trees on Mount Takahara, central Japan. Ecological Research, 18:355-364

Yabe T, Takatsuki S (2009) Migratory and sedentary behavior patterns of sika deer in Honshu and Kyushu, Japan. In: McCullough DR, Takatsuki S, Kaji K (ed), Sika

Deer: Biology and Management of Native and Introduced Populations, 273-283. Springer, Tokyo

Yokoyama S, Maeji I, Ueda T, Ando M, Shibata E (2001) Impact of bark stripping by sika deer, *Cervus nippon*, on subalpine coniferous forests in central Japan Forest Ecology and Management, 140:93-99

吉井 義次, 吉岡 邦二. (1949) 金華山島の植物群落. 生態学研究, 12:84-105

1.3 植物への影響

高槻 成紀

シカの影響

はじめにシカの影響の内容を整理しておきたい。シカは大型草食獣であり，高密度にもなりうる性質をもっており，食性の幅も広いため，植物群落に強い影響を与えうる。植物への採食による影響は最も大きい直接的な影響である。この内容は広範におよび，葉を食べることによって植物の光合成による生産を阻み，植物を減少させることで，同所的な他の植物への影響，草食性の他の動物に与える影響，群落の構造的な変化による他の動物への影響，群落の更新や遷移におよぼす影響などが生じる。そのほかにシカがいることそのもので，糞尿が排泄されて糞虫（動物の糞を分解する昆虫群）を増加させる，植物への施肥効果，あるいは物質循環への影響などがある。

シカの採食と植物の反応

各地の個別例は**第2章**で紹介されるので，ここでは原理的なことを説明する。

シカの影響下で増加する植物種と減少する種がある。それには個々の種の特性が関係している。その特性の類型にもいくつかあるが，ここでは植物を高木種，低木種，双子葉草本，イネ科と類型してみたい。木本類は実生であれば採食で消失することもあるが，ある程度生育してからであれば，樹形を変形して生き延びて，シカの影響が強い場合は「盆栽状」になる（口絵2-④）。Danell et al. (1991) はシカの影響に対する植物の反応という視点から植物体をモジュールとジェネットに分けることを提唱した。モジュールは葉，茎など植物体内の部位で，採食影響は種や強度により多様である。これに対してジェネットは種子や栄養体に由来する個体であり，採食影響は開花や種子散布としてあらわれるとした。しかし，私はモジュールとジェネットの違いは，モジュールは草食獣の採食によって基本的に生き延びるが，ジェネット

は消失することにあると思う．この類型によれば，木本はモジュール型の影響が顕著であり，この意味ではササ類もモジュールである．低木類は分枝がさかんで，垂直方向への生育よりも横方向への生長が活発であり，高木種よりは採食影響に耐性がある．双子葉草本類は生長点を採食されるとダメージが大きく，しばしば枯死する．これに対してイネ科やカヤツリグサ科は生長点が地表近くにあり，稈（イネ科植物の中空な茎）の内側から新しい稈を伸長するので，上部を食べられてもダメージが小さく，上記の類型でいえばモジュール型である．このため同じ採食を受けても双子葉草本は減少するのに，イネ科は生き延び，双子葉草本が減少した分，むしろ増加することが多い．また同じ採食影響も暗い林内では回復力が弱く，マイナス影響が大きいが，オープンな場所では再生する可能性が大きくなる．

　ここまで草本を双子葉とイネ科に大別したが，草本類とシカの採食ではサイズと生育型（Gimingham 1951）が重要かつ有効である．ただしこの類型はイギリスの海岸で行ったものなので，日本のシカ問題を考えるうえでは改良が必要である．直立型や分枝型，つる型で高さが 30 cm 以上になる草本類はシカの採食を受けやすく，ダメージが大きいのに対して，ロゼット型，匍匐型などの小型種はシカの採食を免れやすい．草食獣の影響を考えるうえで特に重要なのは，普通の生育型ではとりあげられないシカの嗜好性である．そこで草食獣との関係という点から生育型の類型を以下のように提案する．

　高木型：これは形ではなく，潜在的に高木層になる木本種
　低木型：枝を横方向に伸ばし，あまり高くならない低木
　つる型：つる植物で，木本と草本は区別しない
　叢生型：イネ科，カヤツリグサ科など
　直立型：垂直な茎が伸び，枝は少ない草本
　分枝型：枝が多く主軸が不明瞭な草本
　ロゼット型：ロゼット葉をもつ草本
　匍匐型：地上茎で水平に伸びる草本
　シダ型：形でいえば直立型あるいは分枝型にもなりうるが別扱いとした
　不嗜好型：形，木本・草本には無関係にシカが忌避する植物

対採食防衛

　シカが植物を食べることは基本的に脱葉（defoliation; 植物体から葉を奪う

こと）である。したがって植物にとっては光合成器官を奪われるマイナス要因となる。このことは植物に必然的に防衛適応の進化を促した。すなわち「敵が食べるなら，食べられなくする」という防衛適応である。これには物理防衛と化学防衛がある。

物理防衛の代表的なものはトゲである。形態学的には枝，葉，托葉などさまざまな器官に由来するが，結果として硬く鋭い構造になって，草食獣が採食しにくくなっている。ノイバラ，サンショウ，タラノキ，サイカチなどが代表的である。キイチゴ類，アザミ類などもトゲをもつが，食物が乏しい場合は，シカに食べられる。カンコノキ，アリドオシなどはシカの影響が強いとトゲを増やす。このほかススキなどイネ科の葉などに見られる葉縁のトゲも採食をさまたげる（口絵1-④）。また，トゲではないが，イネ科の葉に含まれる珪酸体は植物体全体を丈夫にするための構造物で，これは草食獣の歯を摩滅させる。採食する草食獣が歯の摩滅をいやがって採食しないということはないだろうが，全体としての「葉の硬さ」は，ほかにより柔らかい双子葉草本などがあれば相対的に回避することになるから，広義の物理防衛といえるだろう。

化学防衛は植物体内に草食獣が嫌う物質（匂いの場合と味の場合がある）を含むもので，植物にとっては昆虫の採食への適応が副次的に草食獣にも効果をもつということだと思われる。シカの場合，アセビ，オオバアサガラ，レンゲツツジ（口絵3-⑦），イズセンリョウ（口絵2-③），クリンソウ（口絵3-③），シロヨメナ，マルバダケブキ（口絵3-⑤），ハンゴンソウ（口絵3-⑥），ワラビ，イワヒメワラビ（口絵3-④）などが代表的である。外来種のダンドボロギクなどもこれに該当する。

以上は「食べられないため」の適応であるが，採食に対する増減という点ではシカの採食影響下で「食べられる」ことで増加する植物がある。シバがその代表で，シバは再生力があるために脱葉がマイナスに働かない。これを「被食防衛」という（高槻1989）。

シカの影響の強い宮城県金華山島では被食防衛のシバ群落と物理防衛のメギが顕在化して日本庭園のような景観を呈している（図1，口絵2-④）。

以上，生育型に嗜好性を加味した類型を整理したが，シカの影響下ではこうした種の属性が複雑に関係しあって群落が変化する。個々の種の反応をこのような類型を通じて理解することが肝要である。

図1 シカ採食の影響下で形成された景観
(1999年5月，金華山)
トゲをもつことで生き延びるメギと，採食されることで有利になるシバ群落が発達した，日本庭園のような独特の景観。

シカの採食による減少

　大型で採食に耐性のない種はシカの採食によって減少し，極端な場合は消滅する。アメリカ東部のバージニア州のユリの1種（*Lilium superbum*）はオジロジカの採食で絶滅の危機にある（Fletcher et al. 2001）。オハイオ州のシャロンの森ではオジロジカが増えすぎて150種もの植物がなくなったという（Peek and Stahl 1997）。日本でも丹沢での事例があり（田村ほか2005），本書でも紹介されている。ただ植物の場合，地上部が消滅しても種子や栄養体で休眠している場合もあるので，消失したという評価は容易ではない。

群落レベルへの影響

　シカの採食に防衛適応的な植物は採食影響下で増加し，群落内で優占することがある。ハンゴンソウ群落，ワラビ群落，シロヨメナ群落，ダンドボロギク群落，マルバダケブキ群落などは各地で顕在化するようになった群落であり，優占種はいずれも化学防衛の植物である。これら防衛植物の増加は，必然的に伴生する植物に影響し，群落で下層に生育する植物の生育を抑制する。上記の群落では地表植物が非常に乏しくなり，群落の種多様度が著しく低いことがある。

　長い時間をかけて群落構造が変化した場合は，シカの好まない植物に置き換わることがある。金華山島のブナ林ではスズタケがなくなって，ハナヒリノキに置き換わっている（図2）。これらは群落構造の同位種といえる。

　強い採食影響下では防衛植物の顕在化とともに，その植物が形成する生育

図2 金華山のブナ林
高木しかなく，林床はスズタケがハナヒリノキに置き換わっている。

環境に適応的な植物が増加することがある。シバは代表的な被食防衛植物だが，その維持にはシバの生産特性だけでなく，群落内の植物との競合が重要な要因となる。シバは採食には耐性があるが，被陰には弱いため，草食獣の採食は草丈の高い競争種を除去することでシバに有利になる。それによりシバ群落が維持されると，北日本ではオオチドメ，オオヤマフスマ，シバスゲ，カタバミ，ニオイタチツボスミレなど，南日本ではツボクサ，アオイゴケなど匍匐型あるいはロゼット型などの草丈の低い生育型の植物が伴生する。

群落構造と動態

森林群落においてはシカの採食が草本層，低木層を貧弱化する。日本の森林の場合，ササが繁茂していることがあり，シカがいると特に冬季にササを食べるから，ササが減少する。これは地表の光環境を改善して，これによって樹木の若木の生長が促される場合がある。大台ヶ原ではシカによってミヤコザサが少なくなることでトウヒの実生が増加したという（日野ほか2003）。東北地方ではウシやウマの林間放牧によってササを減少させてブナなどの実生の生育を促進することが行われていた。

しかし採食影響が強い場合は高木種の実生や若木を減少させ，更新を阻害することになる（Takatsuki and Gorai 1994, Nomiya et al. 2003）。

このように群落構造という静的な影響は森林の更新という動的な影響につながる。

土砂流失

シカの採食影響が強くなって森林の下生えが貧弱化し，雨滴が直接林床土壌をたたくと，表土の動きが活発になり，土砂崩れが誘発される（石川・内山 2009）。日本は降水量が多く，地形も急峻であるから，その影響は強く，場所によっては深刻な防災上の問題となる（口絵 5-③）。一方，土砂移動が活発になり，渓流に流れ込むことで水生昆虫の組成や個体数に影響を及ぼすことも示されており（Sakai et al. 2011），シカの影響が水系にまでおよんでいることを示唆している。

群落内から群落間へ

群落を記述する場合，伝統的に群落の典型的な部分を取り出して記述される。そして種組成の組み合わせによって群落を類型するという，一種の抽象化が行われる。ここではある土地に群落がいかに配置されているかは問題とされないが，草食獣の植物利用ということを考えると，ある群落の隣にどういう群落があるかということは非常に重要である。シカは基本的に森林生であるが，森林よりは林縁や伐採地のほうが利用できる植物量が多いから，伐採地や牧場などがある場所では，森林とこれらオープン地を往復するような行動圏利用をする。つまり個々の群落での採食率などを調べてそれを足し合わせても実態を理解することにつながらない（Weisberg and Bugmann 2003）。

間接効果

最近の 10 年ほどで，生産者である植物が一次消費者であるシカによって採食されて群落が変化することが，群落を利用する他の動物におよぼす間接効果（Rooney and Waller 2003）の重要性が認識されるようになった。このような研究がなされるようになったのは群集生態学と景観生態学の影響が大きい。

シカの採食による影響は植物を減少させ，そのことは栄養段階でいえば草食性の昆虫にとって資源が減少するという形での影響を与えるはずである。植物の減少が他の動物の食物を減少させるという意味では，シカと生態的同位種（分類群に関係なく，生態学的に同じ機能をもつ種）であるカモシカとの資源競争を生じさせるであろうし，シカの採食がベリー（水分，糖分を多く含む果実で，多肉果あるいは多汁果，液果などともいう）やナッツ（デン

プン質で，堅い殻に包まれる果実。ドングリなどが代表的）を実らせる植物を減少させればクマや果実食性の哺乳類や鳥類にもマイナスになるであろう。宮城県の金華山島では，シカがブナ林などの森林更新阻害をし，老木の枯死後，ギャップ（森林の樹冠を構成する樹木が倒れてできる空隙）にススキ群落が出現するが，ここにしばしばとげ植物のメギが生育する。サルはこのメギの花蜜や果実を好んで食べるため，通常は降りない地上に降りてメギの果実をよく食べる（Tsuji and Takatsuki 2004）。これはシカの影響がサルにおよぼす正の間接効果である。

　また，群落構成種の有無という点ではある植物が「あり」だが，草食獣の採食を受けて開花しないために，虫媒花と訪花昆虫のつながりが失われることがある（Vazquez and Simberloff 2003）。Thompson（1997）はこれを「生物多様性の相互関係の保全」と呼んだ。通常の群落調査では種の有無が記述されるため，このような情報が見過ごされがちであるが，間接効果としては重要なことである。このことは，生物のつながりの関係は，動植物相のリスト化のような情報だけでは把握できないという意味で重要である。我が国における従来の報告書の多くはこのレベルにとどまっており，シカの間接効果の評価という点では調査内容の見直しが必要である。

　一方，動物の食べ物のつながりは複雑で，シカの採食が植物を減らしてそれを利用する動物を減らすというだけにとどまらず，その動物の減少がさらにそれを利用する動物に影響するという「カスケード効果」もある。イギリスのワイタムの森ではシカ類が増えて低木が減ったために，藪的な環境を好むアカネズミ類が減り，その結果，フクロウの1種の食料が十分でなくなって繁殖力が下がり，それまであまり食べなかったハタネズミ類を食べるようになった（Flowerdew and Ellwood 2001）。このほか草食獣が葉を食べて草食性昆虫が減少し，そのことが昆虫食鳥類の減少につながった例（Baines et al. 1994）や，果実が草食獣に食べられたために，果実食の鳥類が減少した例もある（Fuller 2001）。

群落構造と間接効果

　一方，食物としての植物減少による間接効果とは別に，群落の構造的な変化が生息空間の変化として他の動物に影響するという間接効果もある。イギリスではシカの採食によって森林の下生えが減少したため，サヨナキドリな

どが減少したという（Fuller 2001, Perrins and Overall 2001）。日本でも大台ヶ原では，シカ密度が高い場所で下生えが貧弱になるとともに，枯れ木が増えるため，樹幹を利用し樹洞営巣するキツツキ類やゴジュウカラが増えるが，シカが少ない場所では藪的な環境を好むウグイスやツグミが多くなった（日野ほか 2003）。また奥日光でもシカの増加にともない，キツツキ類などの樹洞営巣型や樹幹採食型，樹上営巣型，飛翔採食型の鳥類が増加し，ウグイス類やムシクイ類などの森林の下層を利用する鳥類が激減した（奥田ら 2013）。また，対馬ではシカの採食影響が下層植生を貧弱化したことによってアカネズミが減少したし（Suda and Maruyama 2003），近畿地方の大台ヶ原ではシカの影響を排除したらササが回復し，藪的な環境を好むネズミ類が増加した（Shibata et al. 2008）。このネズミの採食によってトウヒの実生が被害を受けるという，意外な結果も得られている。

　また無脊椎動物にとってはごく小さな群落構造の変化が大きな影響を与える場合がある。造網性のクモは餌動物の資源量にかかわりなく，シカの影響によってクモの巣の足場が失われることで個体数が少なくなった（Miyashita et al. 2004）。

　1-2 でもふれたが，日本の落葉広葉樹林では林床をササが被うことが多い。特に太平洋側のミヤコザサが生育するところにはシカが生息しており，シカの重要な食物になっている。スズタケはミヤコザサ帯にも生育するし，チマキザサはやや多雪地に生育し，拡大したシカはこれらのササも採食するようになった。スズタケやチマキザサはミヤコザサよりも採食により弱く，減少しやすい。ササを食物として利用する昆虫には直接的な影響があるが，ササが優占していた場合，群落構造上の変化が生じて，間接効果により藪状態を好む鳥類や齧歯類が減少する。

間接効果と遷移

　シカの影響を群落動態という視点でとらえると，シカの採食は遷移の進行を抑制するから，遷移初期段階の群落を好む動物には有利になることがある。例えばイギリスの研究例ではシカの増加によってオープンな場所を好むハタネズミ類が増加した（Southern and Lowe 1968）。宮城県の金華山島ではススキ群落はシバ群落内にとげ植物であるメギが点在する日本庭園のような景観になり，同じ場所が柵を造って 20 年経過したら，イヌシデなどの森林にな

った（口絵6-①）。被食適応のシバ群落は森林への遷移を阻止されているという見方も可能であるが，偏向遷移とみなすほうが妥当であろう。

その他の影響

シカの採食による葉や果実の採食という影響や，それの間接効果としての栄養段階を通じての他動物への影響や群落の構造による影響とは別に，シカがいることで踏みつけの影響や糞や尿を排泄することの影響もある。糞があることは食物連鎖として当然，糞虫の増加をもたらすと同時に植物への施肥効果もある。これらについては本稿の範囲を超えるので省略する。

シカの影響をどう捉えるか

さて，これまで見て来たようにシカの影響は広範にわたり，また場合によっては非常に強いものがある。この20～30年のシカの増加による植生への影響は「異常」であるとされる。しかしシカはまぎれもなく日本の生態系の一員であり，シカのいることは異常ではなく，シカがまったくいないことのほうが異常であるといわなければならない。日本列島にバイソンやオオツノジカがいたことはまぎれもない事実であり，縄文時代の遺跡からは全国的にシカとイノシシが出土する。日本列島の植物は草食獣の存在下で進化してきたのである。日本中にトゲ植物や有毒植物が生育すること自体がそのことを能弁に物語っている。過去100年ほどのあいだはシカは少なかったが，それは長い日本列島の歴史を考えれば特異な時代なのかもしれない。それ以前の状況は不明だが，各地に残るシシ垣の存在は，少なからぬシカやイノシシがいたことをうかがわせる。

現実の問題として，日本の植物生態学はシカのいない時代に発達し，日本の森林にはシカがいないことを「常態」と考えてきた。そしてシカの影響があることを異常とし，シカ柵を造って起きた変化を「正常に回復した」と考えている。だが，それは正しくない。

現実問題として日本列島の山という山をシカ柵で囲うことはできないし，そのようにして守らなければならない植生があるとすれば，それはもはや自然とはいえないだろう。これについてCôteら（2004）は，シカ柵という野外実験は，柵内にまったくシカがいないという「異常」な状態を作って比較するという意味で，問題であると指摘している。揚妻（2013）はこのような

自然の捉え方を批判的に「庭園管理」と呼んでいる。私たちは自然な植生とは何であるかを正しく理解しなければならない。そのことを果たすにあたって，シカについても，植物の反応についても，私たちが知らないことが多すぎる。シカ柵の設置によって植物が見せる反応はそのことを学ぶ重要な機会になるに違いない。

引用文献

揚妻 直樹 (2013) 野生シカによる農業被害と生態系改変：異なる二つの問題の考え方. 生物科学, 65:117-126

Baines D, Sage RB, Baines MM (1994) The implications of red deer grazing to ground vegetation and invertebrate communities of Scottish native pinewoods. Journal of Applied Ecology, 31:776-783

Côte SD, Rooney TP, Tremblay J-P, Dussault C, Waller, DM (2004) Ecological impacts of deer overabundance. Annual Review of Ecology, Evolution and Systematics, 35:113-47

Danell K, Edenius L, Lundburg P (1991) Herbivory and tree stand composition: moose patch use in winter. Ecology, 72:1350-1357

Fletcher JD, Shipley LA, McShea WJ, Shumway DL (2001) Wildlife herbivory and rare plants: the effects of white-tailed deer, rodents, and insects on growth and survival of Turk's cap lily. Biological Conservation, 101:229-238

Flowerdew JR, Ellwood SA (2001) Impacts of woodland deer on small mammal ecology. Forestry, 74:277-287

Fuller RJ (2001) Responses of woodland birds to increasing numbers of deer: a review of evidence and mechanisms. Forestry, 74:289-298

Gimingham CH (1951) The use of life form and growth form in the analysis of community structure, as illustrated by a comparison of two dune communities. Journal of Ecology, 39:396-406

日野 輝明, 古澤 仁美, 伊藤 宏樹, 上田 明良, 高畑 義啓, 伊藤 雅道 (2003) 大台ケ原における生物間相互作用にもとづく森林生態系管理. 保全生態学研究, 8:145-158

石川 芳治, 内山 佳美 (2009) 丹沢堂平におけるシカによる林床植生衰退地における土壌侵食の実態解明と対策工の開発. 砂防学会誌, 62:74-79

Miyashita T, Takada M, Shimazaki A (2004) Indirect effects of herbivory by deer reduce abundance and species richness of web spiders. Ecoscience, 11:74-79

Nomiya H, Suzuki W, Kanazashi T, Shibata M, Tanaka H, Nakashizuka T (2003) The response of forest floor vegetation and tree regeneration to deer exclusion and disturbance I a riparian deciduous forest, central Japan. Plant Ecology, 164:263-276.

奥田 圭, 關 義和, 小金澤 正昭 (2013) 栃木県奥日光地域における繁殖期の鳥類群集の変遷-

特にニホンジカの高密度化と関連づけて−. 保全生態学研究, 18:121-129
Peek, LJ, Stahl JF (1997) Deer management techniques employed by the Columnus and Franklin County Park District, Ohio. Wildlife Society Bulletin, 25:440-442
Perrins CM, Overall R (2001) Effect of increasing numbers of deer on bird populations in Wytham Woods, central England. Forestry, 74:299-309
Rooney, TP, Waller DM (2003) Direct and indirect effects of white-tailed deer in forest ecosystem. Forest Ecology and Management, 181:165-176
Sakai M, Matuhara Y, Imanishi A, Imai K, Kato M (2011) Indirect effects of excessive deer browsing through understory vegetation on stream insect assemblages. Population Ecology, 54:65-74
Shibata E, Saito M, Tanaka M (2008) Deer-proof fene prevents regeneration of *Picea jezoensis* var. *hondoensis* through seed predation by increased woodmouse populations. Journal of Forest Research, 13:89-95
Southern HN, Lowe VPW (1968) The pattern of distribution of prey and predation in tawny owl territories. Journal of Animal Ecology, 37:75-97
Suda K, Maruyama N (2003) Effects of sika deer on forest mice in evergreen borad-eaved forests on the Tsushima Island, Japan. Biosphere Conservation, 5:63-70
高槻 成紀 (1989) 金華山島の自然と保護−シカをめぐる生態系−. 生物科学, 41:23-33
Takatsuki S, Gorai T (1994) Effects of Sika deer on the regeneration of a *Fagus crenata* forest on Kinkazan Island, northern Japan. Ecological Research, 9:115-120
田村 淳, 入野 彰夫, 山根 正伸, 勝山 輝男 (2005) 丹沢山地における植生保護柵による希少植物のシカ採食からの保護効果. 保全生態学研究, 10: 11-17
Thompson, JN (1997) Conserving interaction biodiversity. In: Picker STA, Osdfeld RS, Shachak M, Likens GE (ed), The Ecological Basis of Conservation, 285-293. Chapman & Hall, London
Tsuji Y, Takatsuki S (2004) Food habits and home range use of Japanese macaques on an island inhabited by deer. Ecological Research, 19:381-388
Vazquez DP, Simberloff D (2003) Changes in interaction biodiversity induced by an introduced ungulate. Ecology Letters, 6:1077-1083
Weisberg PJ, Bugmann H (2003) Forest dynamics and ungulate herbivory: from leaf to landscape. Forest Ecology and Management, 181:1-12

1.4 日本の植生へのシカ影響の広がり
——植生学会の調査から

大野啓一・吉川正人

シカ影響アンケート調査の概要

シカによる植生への影響は，日本のどの範囲にどのくらいの強さで生じているのだろうか。このことを全国規模で網羅的に調べた初の試みとして，2009～2010年に植生学会が行った「シカ影響アンケート調査」がある。本節では，この調査の概要と結果（植生学会企画委員会 2011）を抄録し，シカによる日本の植生への影響の広がりと程度，その内容について紹介する。

この調査が企画された背景は，植生へのシカ影響の拡大・深刻化が全国各地から報じられてきたにもかかわらず，その情報の多くは地域的で視点もまちまちであり，広域的・統一的な実態把握がほとんどなかったことである。シカ自体の地理的分布については，メッシュ分布図が公表されているが（環境省自然保護局生物多様性センター 2004），シカの分布と植生への影響とは分けて考えるべきである。なぜなら，シカの生息地であっても植生への影響程度は地域によりさまざまだからである。

この「シカ影響アンケート調査」は，シカによる植生への影響を，影響がない場所も含めて全国できるだけ多数の地点において，ある時間断面で，共通の調査項目・評価基準によって，把握することを企図したものである。さらに，影響の地理的広がりやその程度をマップなどでわかりやすく表現し，行政や一般社会への普及啓発を図ることも目指した。

調査は植生学会のプロジェクトとして行われ，筆者を含む企画委員会がその事務局を担った。調査対象期間は2009年から2010年とし，この期間内に実際にフィールドで観察された植生へのシカ影響の状況を問うアンケート書式を作成した。2009年5月にアンケート書式と記入要領を学会員全員に郵送し，これらのダウンロードとアンケートへの回答は学会のウェブサイト上からもできるようにした。ただ，学会員からの回答だけでは全国を網羅で

きそうもなかったため，植生についてある程度の知識や技能を有する学会員以外の方々にも広く協力を求めた．回答を寄せてくださったのは，植生学会員・非会員合わせて154名の方々で，具体的には，大学や試験研究機関の研究者，大学院生，環境調査会社・機関のスタッフ，高校等の生物教員，地域博物館のスタッフ，およびこれらのOBなどである．全くのボランティア調査にもかかわらず，面識のない学会員以外の方々が何十か所もの状況について回答くださるなど，本当に多くの方々にご協力をいただいた．

　表1にアンケートでの主な設問を示す．地域の全般的な状況（地理的概要や地域全般のシカ影響，シカ対策など）に関する19問と，その地域に見られる個別の群落ごとのシカ影響に関する12問からなる．ほとんどは，現場を歩きながらの観察でも分かるような植生の定性的な状況を問うもので，特別な調査時間や労力は要しない．また，設問の約半分は選択肢へのチェックで済むものとし，回答と集計の簡便化を図った．これらによりアンケートの敷居を低くして，調査や余暇活動など各々の主体的なフィールド活動の「ついでに」，「パッと見」でも分かるシカの影響や植生の状況について，できるだけ多くの地域の多くの方々から回答を得ることを期待した．チェックシート1枚に記入してもらう範囲は，日帰りのフィールドワークを想定して，半日程度の徒歩で歩ける範囲とした．これは，たとえば高尾山といったある1つの山や，2.5万分の1地形図の4分画程度（およそ5km四方）に対応する．実際に踏査したルートや区域，標高域の記入も求め，将来，同じ地域の再調査ができるように図った．

　記入要領には設問ごとの意味や留意点などを記した．例えば，地域全般の影響程度（表1，設問9）に関しては，「なし・軽・中・強・激」の5段階を設け，その判断の目安を，「軽：注意すれば食痕などの影響や被害が認められる．中：食痕などの影響が目につく．強：影響により草本・低木が著しく減少．激：群落構造の崩壊や土壌流亡など，自然の基盤が失われつつある．」のように示した．

　2011年1月の締切までに，全国から計1,155件のアンケート回答が寄せられた．このうち記録が調査対象の期間外であるもの，範囲が不明瞭なものなど，集計要件に合わないものを除く1,127件を集計した．また，回答に群落別の記載があったのは950件で，1,328群落を集計対象とした．

　北は北海道浜頓別町から南は鹿児島県屋久島町まで，沖縄県を除く全国

表1　シカ影響アンケート調査の質問項目
主要な項目のみ抜粋。選択肢が空欄の項目は自由記述。
設問20以降は3群落まで回答できるように反復して掲載した。

No.	設問	選択肢
◆地域の概要		
3)	地名（都道府県・市区郡・町村）	
4)	1/2.5万地形図図幅（位置）	左上／左下／右上／右下
5)	踏査コース・区域	
6)	標高域	
7)	踏査年月日	
◆地域全般のシカ影響		
8)	影響範囲	なし／一部／相当部分／ほぼ全域／全域
9)	影響程度	なし／軽／中／強／激
10)	影響に偏りがある場合の傾向	
11)	シカの影響・痕跡	食痕／樹皮剥ぎ／生個体目視／鳴き声／糞／シカ道／ディアーライン／落ち葉食い／表土の流亡／斜面崩壊
◆地域全般のシカ対策		
16)	防護柵の設置	なし／耕地周辺／植林周辺／自然植生内／その他
17)	防護策の種類	ロープ／金網／電気柵／その他
18)	その他のシカ対策	
◆各群落内でのシカ影響の状況		
20)	群落・群集名（優占種）	
21)	群落タイプ（植生タイプ）	森林（10m以上）／低木林（10m未満）／草原
22)	群落タイプ（森林タイプ）	常緑広葉／夏緑広葉／常緑針葉／夏緑針葉／混交
23)	群落タイプ（人為的影響）	自然植生／二次植生／植栽など
24)	群落全般への影響	なし／個体に食害／林内構造変化／林床衰退／林床裸地
25)	樹皮剥ぎ	なし／少数／多数／少数枯死／多数枯死
26)	樹皮剥ぎがある種	
27)	草本・低木の食痕・食害	食痕なし／食痕少数／食痕多数／概ね食害／食害枯死・消失
28)	ササへの影響	本来なし／食痕なし／食痕少数／食痕多数／食害枯死・消失
29)	ササの種類（判る場合）	
30)	目立つ不嗜好種／嗜好種	

46都道府県の情報を集めることができた。回答数が最も多かったのは北海道で114件，次いで三重県が88件，山形県が54件と続いた。一方で，富山県と香川県からは2件，長崎県は3件の回答しか得られなかった。このように地域的な疎密はあるものの，2009〜2010年時点での植生へのシカ影

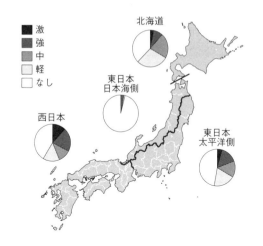

図1　地域別にみた影響程度別の回答割合
「強」以上のシカの影響が確認された区画は，東日本の太平洋側や西日本に多かった。

響について，全国をほぼ網羅する情報が得られた。

シカの影響程度の地理的分布

　集計の結果，アンケート回答の約半数，それも北海道から九州までの全ての地方においてシカの影響が認められた。日本のどの範囲でどの程度のシカ影響が植生に生じているのかがひと目で分かるように，2.5万分の1地形図の図幅の1/4を1区画として，そこでのシカの植生への影響程度を色分けした「シカ影響度マップ」を作成した（巻頭地図）。回答が得られた1,017区画の47.7％（485区画）で何らかのシカ影響が認められた（表2）。影響程度ごとの区画数の内訳は，「激」66区画，「強」139区画，「中」118区画，「軽」162区画であり，「強」以上と判断された区画が，回答が得られた区画の20.2％に達していた。すなわち，シカの分布の有無にかかわらず全国の山林域からほぼ満遍なくサンプリングされた地域の約1/5で，草本・低木が著しく減少したり，群落構造が崩壊するなど重大な影響が生じていることが明らかになった。

　ただし，植生へのシカ影響は全国一様ではなく，東日本太平洋側や近畿地方，九州中南部でより深刻であるなど地理的にかなりの偏りが見られた。図1は，日本を便宜的に「北海道」「東日本日本海側」「東日本太平洋側」「西日本」という4つの地域に分けたとき，それぞれの地域に含まれる区画の影響程度の割合を示したものである。以下，地域ごとにシカ影響の広がりを見

ていこう.

北海道

　北海道では影響程度が軽い地点が多く，7割近くが「なし」または「軽」との回答であった．しかし，東部では「中」以上との回答が多く，知床半島から阿寒，釧路湿原，根室半島，白糠丘陵などでは「強」「激」の場所もあった．これら道東地域では，海岸沿いの草原や湿原など，森林以外の自然植生にも強い影響が生じているのが特徴である．日高山脈ではアポイ岳で「強」の回答があり，渡島半島でも南部の知内町で「激」の回答があった．

東日本日本海側

　青森県から福井県にかけての東日本日本海側では，他の地域に比べて植生に影響が認められた場所は少なかった．福井県の若狭湾沿岸域に「強」の区画が見られたほかは目立った影響はなく，96％が影響「なし」との回答であった．

東日本太平洋側

　岩手県から愛知県にかけての東日本太平洋側では，「中」以上の区画が33％を占めていた．これは北海道と同程度であるが，「強」「激」の比率がより高かった．このうち東北地方では岩手県南東部の五葉山周辺と，宮城県の牡鹿半島から「強」や「激」の影響が集中的に報告された．関東地方では，北部の奥日光から足尾山地にかけてと，西部の関東山地一帯（荒船山から奥秩父・奥多摩にかけてと丹沢山地）に「強」や「激」の区画が数多く見られる．房総半島南部の清澄山周辺からも「強」の回答があった．中部地方では，赤石山脈（南アルプス），富士山周辺などに「強」が点在し，伊豆半島の天城山系では「激」と「強」の区画が連続していた．このうち赤石山脈では，標高2000 m以上の亜高山帯の針葉樹林や高山帯の広葉草原でも強い影響が認められている．また，筑摩山地南部から霧ヶ峰，八ヶ岳にかけても「中」や「強」の区画が分布していた．

西日本

　京都府，滋賀県，三重県以西の西日本は，何らかの影響が報告された区画の割合が最も高く，全体の6割を占めており，「激」の区画が12％，「強」の区画が21％もあった．鈴鹿山脈や紀伊半島各地（大台ヶ原や大峰山脈など）からの回答のほとんどは，影響が「強」や「激」であり，熊野灘沿岸の海岸沿いでも「強」や「激」の区画が連続した．京都府北部の丹波高地や大阪府

北部，淡路島南部などでも強い影響がみられた。このように，特に近畿地方ではシカの影響が広域化・深刻化しており，山麓の里山域にまで重度の影響が及んでいる傾向がうかがえる。中国地方については，回答の密度が低いのではっきりとした傾向はつかめないが，鳥取県南東部や島根半島西部，広島県の中部と宮島，山口県西部で「強」の区画があった。四国では，シカの強い影響は剣山系と，愛媛県南西部の山地および同県北部の高縄半島の 3 か所から報告された。さらに九州では，大分県南東部，宮崎県中部，熊本県中部，鹿児島県北西部の 4 地方を囲む帯状の範囲に「激」と「強」の区画がまとまって見られ，この範囲にある九州中央山地や出水山地，霧島山系などでシカ影響が深刻であることを示している。これより北側の，阿蘇山周辺から久住高原にかけては影響が比較的小さいようであるが，さらにその北の英彦山周辺には「強」の区画がみられる。また，五島列島や屋久島，種子島などの島嶼部からも「激」「強」の報告がなされた。対象期間以前の情報のために集計からは外されたが，対馬南部や長崎半島からも「激」の影響を認めた回答が寄せられている。

　以上のように，シカによる植生への影響は，水平的には知床など北海道東部から屋久島や五島列島までの全国に，垂直的には海岸付近から南アルプスの高山帯にまで広がっており，日本のほぼすべての植生帯で認められた。特に関東以西の太平洋側山地では，いくつかのまとまりをもって強度の影響域が広がっていた。また，知床，阿寒，日光，奥多摩，富士山，南アルプス，八ヶ岳，大台ケ原，剣山，霧島，屋久島といった，日本を代表する自然植生が残され世界自然遺産や国立公園として保護もされている地域で深刻なシカ影響が生じていることも分かった。

　こうしたシカの影響の地理的分布は，現在や過去のシカの分布と密接に関係している。環境省の自然環境保全基礎調査によるシカの分布の有無と，今回調査された植生への影響程度との対応関係をみると表 2 のようになる。「軽」以上の何らかのシカ影響があった区画のほとんどは，1978 年（第 2 回調査）と 2003 年（第 6 回調査）の両方か後者にシカが分布するエリア（シカ影響度マップで濃淡のグレーで塗られた部分）にあり，シカ影響の発生はシカの分布とよく対応していることが分かる。特に 1978 年と 2003 年の両年ともシカが分布していた区画では，その 89.2％にあたる 313 区画で植生への影響が認められ，影響度が「強」や「激」の割合も大きかった。つまり，

表2 シカの分布と植生への影響度の関係

数字はシカ影響度マップ（巻頭地図）の区画数。1978年，2003年のシカの分布は，それぞれ環境省の第2回，第6回自然環境保全基礎調査（環境省2004）に基づく。

シカ分布	総数	影響程度					軽～激の合計
		なし	軽	中	強	激	
1978年と2003年	351	38	64	84	115	50	313 (89.2%)
1978年のみ	16	2	5	6	2	1	14 (87.5%)
2003年のみ	194	86	51	25	19	13	108 (55.7%)
分布記録なし	456	406	42	3	3	2	50 (11.0%)
計	1,017	532	162	118	139	66	485 (47.7%)

シカが以前から分布しており，採食圧を長く受け続けている地域ほど，影響が大きくなる傾向が認められる。

しかしながら，シカの分布域であっても，影響程度が「軽」や「なし」の場合もある。特に北海道は大部分がシカの分布域であるにもかかわらず，影響程度が「軽」や「なし」の区画が多い（図1）。

一方で，今回の調査でシカ影響が認められた区画のうち50区画は，2003年までの環境省の調査ではシカが分布しないとされる地域であった。しかも，この中には影響程度が「強」以上の区画も5区画あった。これらのことは，最近のシカの分布だけでは植生への影響程度を推し量れないこと，また，シカが分布するようになって極めて短期間のうちに，植生への影響が激化しうることを示している。

今回の調査では，青森県から石川県にかけての本州日本海側から得られた回答は，ほぼすべて影響「なし」であった。これは，シカが分布していて影響が顕在化していないためではなく，シカがほとんど分布していないためである。しかし，福島県南西部の尾瀬周辺や長野県北部の戸隠，カヤノ平など日本海側に近い地域からも，いくつかの「軽」の影響やシカの生息情報が記載された回答が寄せられている。アンケート回答に際して寄せられた私信メールでも，これまでシカの分布のなかった青森，秋田，山形，新潟，富山，石川の各県から，それぞれ近年の目撃例があるとの情報が寄せられた。これらのことから，日本海側の多雪地へもシカの分布が拡大しつつあり，それに伴って今後，植生への影響が日本海側にも拡大するおそれがあると考えられる。

表3　影響程度別にみた影響内容の回答数
（　）内はその影響段階の全回答数に占める割合（％）

影響程度	回答数	影響内容							
		情報なし	食痕	樹皮剥ぎ	シカ道	ディアライン	落葉食い	表土の流亡	斜面崩壊
なし	583	574 (98.5)	2 (0.3)	1 (0.2)	2 (0.3)				
軽	182	9 (4.9)	149 (81.9)	49 (26.9)	49 (26.9)	4 (2.2)		1 (0.5)	
中	133	6 (4.5)	109 (82.0)	65 (48.9)	77 (57.9)	27 (20.3)	2 (1.5)	6 (4.5)	
強	159	1 (0.6)	149 (93.7)	99 (62.3)	110 (69.2)	73 (45.9)	16 (10.1)	26 (16.4)	5 (3.1)
激	70		63 (90.0)	56 (80.0)	51 (72.9)	40 (57.1)	13 (18.6)	40 (57.1)	13 (18.6)
合計	1127	590 (52.4)	472 (41.9)	270 (24.0)	289 (25.6)	144 (12.8)	31 (2.8)	73 (6.5)	18 (1.6)

シカの影響程度と影響内容

次に、シカが植生に与える具体的な影響についてみてみたい。5段階の影響程度別に、各地域から観察された影響内容の件数を示したのが表3である。影響程度が「軽」のときに認められるシカ影響は、「食痕」が最も多く、次いで「樹皮剥ぎ」と「シカ道」であった。「食痕」はいずれの影響程度でも最も頻度が高く、それぞれの影響程度にある回答の80％以上で認められている。「食痕」に次いで「樹皮剥ぎ」や「シカ道」が高頻度で観察されることも影響程度にかかわらなかった。影響程度が大きいほど、記録される影響の種類が増える傾向がみられ、「ディアライン」は影響程度「中」以上で頻繁に認められるようになり、「強」とした回答の46％、「激」の57％に記載されていた。「表土の流亡」と「落ち葉食い」の記録は、影響程度「強」以上にほぼ限られていた。「斜面崩壊」は「強」以上でしか記録されず、「激」の回答の約19％で記録された。

これらの結果から、ひとつの地域における植生へのシカの影響の進み方を推定することができる。つまり、シカの影響は「食痕」や「樹皮剥ぎ」、「シカ道」が認められることで現れ始め、次第にそれらの影響が地域全体に広がるとともに、森林に「ディアライン」が形成されるようになって顕在化するといえる。さらには「落ち葉食い」「表土の流亡」「斜面崩壊」といった影響

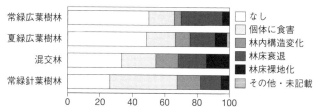

図2　自然林のタイプ別にみた影響程度
18〜32%の自然林で林床植生が衰退または裸地化するほどの強度の影響が報告された。

が発生することで，深刻な状態に至るという過程が推測される。

群落へのシカ影響

相観や優占種，種組成で捉えた個別の群落型への影響について集計したところ，シカの影響は，森林／草原，自然林／二次林／植林，常緑樹林／落葉樹林の別なく，また優占種が何であるかにかかわらず生じていることが分かった。情報が寄せられた延べ1,328群落のうち約半数にのぼる690群落（52.0%）において，群落全般への影響（設問24），樹皮剥ぎ（設問25），草本・低木の食痕・食害（設問27），ササへの影響（設問28）のいずれかで影響が認められた。しかも，これらの影響は，植生タイプ（設問21：森林，低木林，草原）や人為的影響（設問23：自然植生，二次植生，植栽地）にかかわらず，さまざまな群落から報告された。相観的な森林タイプ（設問22：常緑・夏緑，広葉樹林・針葉樹林）別に見ても，夏緑針葉樹の二次林を除いてすべてのタイプについて影響の報告があった。特に回答件数が多かったのは，夏緑広葉樹の自然植生（149件）と二次植生（130件），常緑針葉樹の植栽地（127件）であった。

自然植生のうち高木自然林について見ると，各植生帯を代表する相観型の自然林いずれにも深刻な影響が生じていた。常緑針葉・混交・夏緑広葉・常緑広葉によって比率はやや異なるものの，18〜32%の森林が「林床衰退」または「林床裸地」であり（図2），後継となる稚樹や林床植物をほとんど失った状態であった。この比率は，常緑針葉・混交・夏緑広葉・常緑広葉それぞれの高木二次林（12〜26%）や常緑針葉樹植林（22%）と比較してもやや高かった。すなわち，自然林へのシカ食害の影響は，人手の加わった二次林や植林以上に深刻である傾向がうかがわれる。

さらに，優占種でみた日本の主要な群落型のほぼすべてにおいて，「林内構造変化」「林床衰退」「林床裸地」のいずれかが生じていることがわかった。すなわち，エゾマツ-トドマツ，シラビソ-オオシラビソ，ブナ，イヌブナ，サワグルミ，トチノキ，シオジ，ハルニレ，スダジイ，コジイ，アカガシ，ウラジロガシなどが優占種となる自然林から，ミズナラ，コナラ，アカマツなどの二次林，スギ，ヒノキ，カラマツの植林，ススキ，ササ類の草原，ヌマガヤなどの湿原，海岸草地，放棄水田など，ほぼあらゆる群落でシカによる影響が認められた。海岸の塩生湿地の植物群落や，池沼の水生植物群落，高山草原群落，高層湿原の植物群落など，これまでシカの生息場所とは考えられなかったような所においても植生への影響が認められている。

群落を構成する植物種に対するシカの影響

①樹皮剥ぎ

樹皮剥ぎ（設問25）は327群落から報告があり，樹皮剥ぎにより樹木が「少数枯死」「多数枯死」した例もそれぞれ50群落，24群落で認められた。樹皮剥ぎを受けていた種（設問26）として138樹種が挙げられた，最も高頻度であった樹種はリョウブで，樹皮剥ぎされた種の記載があった群落のうち30.5%（86群落）から報告された。次いでスギが38群落，ヒノキが35群落，ウラジロモミが27群落と，常緑針葉樹が続いた。エゴノキやミズキ，ハルニレ，アオダモ，ヤブツバキも10群落以上で挙げられていた。ただし，上記の報告件数にはシカの嗜好だけでなく，その樹種の出現頻度も関係しているだろう。リョウブの樹皮剥ぎが最も高頻度であったのは，シカに好まれることに加えてもともと多くの群落に出現するためだと考えられる。注目すべきは，自然林の主要高木であるウラジロモミ，ハルニレ，オヒョウ，シラビソが高頻度で樹皮剥ぎを受けて，少数または多数が枯死している群落が報告されていることである。このことは，シカが林床を衰退・裸地化させるだけでなく，樹皮剥ぎによって林冠木も枯らし，自然林の群落構造を損なうことを示している。

②ササの衰退

281群落で「食痕少数」「食痕多数」「食害枯死・消失」といったササへの影響が報告された。影響を認めたササとして，230群落から20種の種名が挙げられた。最も多かったのはスズタケで89群落から挙がり，次いでミヤ

図3 ササの消失が報告された地点
冬期におけるシカの重要な餌資源であるササ類の衰退は全国で見られた。特に関東以西でのスズタケの衰退が著しい。

コザサが46群落，クマイザサが29群落，ネザサが26群落，ミヤマクマザサが19群落，チシマザサが10群落であった。スズタケやミヤコザサに影響事例が多かったのは，地理的にシカの影響程度が大きい太平洋側に分布するためで，逆に，クマイザサやチシマザサについての影響事例が少なかったのは，影響程度が小さい日本海側の多雪地に分布するササであるためであろう。

影響のうち，林床や草原のササの「食害枯死・消失」が記録されたのは64区画に及び，その分布は図3のようであった。東北以南の太平洋側で，スズタケやミヤコザサが消失した地域が多く見られることが分かる。この2種は採食耐性が低く，ササ類の中で最も影響を受けやすい（1.2参照）スズタケだけでなく，採食耐性が比較的強いとされるミヤコザサでも，五葉山や日光，大台ヶ原のように早くからシカの個体数が多かった地域では枯死・消失が報告された。このほか北海道や本州中部の内陸部ではクマイザサなどのチマキザサ節，西日本ではミヤマクマザサなどのイブキザサ節，ネザサ節の「食害枯死・消失」も生じており，シカの影響が強い地域では，ササの種類

にかかわらず全面的な衰退が生じうることが明らかになった。ササ類はもともと数十年周期で開花して一斉枯死する性質を持つため，ササの枯死・消失がすべてシカの採食に起因すると断定はできない。ただ，他の影響内容も顕著に認められる地域で起きていることから，シカの採食が開花と一斉枯死を誘発するなど，強く影響していることは間違いないだろう。また，ササの生活史本来の一斉枯死の場合と異なるのは，枯死後に実生による更新・再生が認められない「消失」であることである。ササは森林を構成する樹木の更新を阻害する一方，根茎で表土を保持している。ササの衰退・消失は，表土の流亡などを引き起こし，地域生態系に重大な影響を与えるおそれがある。

③嗜好種／不嗜好種

群落内で目立つ不嗜好種，嗜好種（設問30）については，520群落から報告があった。不嗜好種については388群落から1,045分類群（科，属までの同定も含む）が，また嗜好種については228群落から632分類群が挙げられていた。

不嗜好種として回答中最も高頻度であったのはアセビで，50群落にその記載があり，次いでマツカゼソウが48群落，イワヒメワラビが42群落，シロヨメナが25群落，フタリシズカが25群落と続き，シロダモ，イズセンリョウ，バイケイソウ，オオバノイノモトソウ，マルバダケブキ，シキミなどが10群落以上で挙げられていた。意外にも，刺をもつ植物は不嗜好種としてほとんど名前が挙がっていなかった。一方，嗜好種として最も多く挙げられたのはアオキで，29群落から，次いでヒサカキが18群落，リョウブが17群落と続き，コアカソ，イヌツゲ，ススキが10群落以上で挙げられていた。これらの中には，不嗜好種，嗜好種の両方に記録があったものも多かった。たとえば，ヒサカキは不嗜好種として8群落，嗜好種として18群落で記されており，イズセンリョウは不嗜好種として23群落，嗜好種として2群落で記載があった。このことは，シカの食性が，地域や選択しうる植物の組成によって変化することを示している。また，食害が進んだ群落では，本来の嗜好種はすでに消失していて，残された不嗜好種に食痕が目立つこともあるので，嗜好種・不嗜好種の判断は現地の観察からだけでは難しい場合もあると考えられる。

調査成果の活用と今後

　今回の「シカ影響アンケート調査」によって，日本のどの範囲にどのくらいの強さと内容で植生へのシカの影響生じているのかが相当程度分かった。調査結果は，2011年3月と8月にいくつかの新聞に掲載され，植生へのシカ影響の広がりと深刻さが一般向けに紹介された。「シカ影響度マップ」は，平成23年度版の森林・林業白書（林野庁2012）にも掲載されたり，2012年夏の千葉県立中央博物館の企画展「シカとカモシカ」でも展示された。これらよって，植生へのシカ影響の深刻さや対策の必要性について，行政や一般社会への普及・啓発が多少は進み，鳥獣保護法の一部改正などの施策の背景の1つになったとも考えられる。

　また，アンケート調査の回答内容は，集計から除いたものを含めて，植生学会が発行する情報誌「植生情報15号」（植生学会企画委員会2011）にそのまま掲載され，学会ウェブサイト（http://www.sasappa.co.jp/shokusei/pdf/supplementary_table.pdf）にもそのPDFファイルが公開されている（2015年5月現在）。これは，時間軸が揃い，具体的な場所も分かる，シカ影響の実態についての一種のデータベースである。今後のシカ影響の動向を追跡し評価するための比較のベースとなったり，シカと植生に関する様々な研究テーマの基礎データとして利用できるだろう。ぜひ活用していただきたい。

　ただ，シカ影響度マップを見れば分かるように，今回の調査では回答の地域的な疎密が大きく，シカ影響について情報が全く得られなかった地域も多い。情報の密度を高めていくことが今後の調査の課題となるだろう。しかし，小さな学会が会員や有志に呼びかけ，ボランティアでの調査や回答を求めるやり方では自ずと限界がある。今回の調査で判明したように，シカによる植生への影響は深刻であり，我国の生物多様性や生態系の大きなリスク要因である。全国的なシカの影響は，本来，有志がボランティアで調査するようなことではなく，植生図作成などと同様に，国が自然環境保全基礎調査の一項目として責任を持ち，植生学者などと連携しながら網羅的・統一的にモニターすべきことである。

　「シカ影響アンケート調査」の結果をとりまとめ，各地の状況を自分の目でも観察して感じたのは，深刻な影響が予想以上に広がっていることへの「危機感」である。シカの影響は人の生活・生業域から離れた山奥で生じている

ことが多く，経済被害としても現れにくいため，一般社会に危機感は薄い。しかし，このまま放置すれば，①多種の草本・低木種（おそらくこれらに依存する節足動物なども）の激減や絶滅に伴う生物多様性の大幅な喪失，②表土流亡や斜面崩壊による植生の成立基盤の喪失と土砂災害の増加，③稚樹が長期間育たないことによる森林の崩壊，などといったことが生じかねず，日本各地の豊かな自然が不可逆的に損なわれるのではないかという痛切な懸念を覚える。この調査を終えてから既に約4年半が経過したが，植生へのシカの影響はさらに拡大している。この調査結果が示唆する，シカ影響がもたらしかねない事態の重大さをより多くの方々にお考えいただければ幸いである。

引用文献

環境省自然保護局生物多様性センター (2004) 第6回自然環境保全基礎調査／種の多様性調査／哺乳類分布調査報告書. 環境省

植生学会企画委員会 (2011) ニホンジカによる日本の植生への影響－シカ影響アンケート調査（2009～2010）結果. 植生情報 15:9-96

林野庁 (2012) 平成23年度森林・林業白書. 林野庁, 東京

第2章
各地のシカ柵でわかったこと

扉写真：草原に設置したシカ柵内での植生回復（撮影／高槻成紀 2005年9月 宮城県金華山）

2.1 日本の森林植生とシカ柵

2.1.1 北海道の森林におけるシカの影響
——シカの生息密度の変化と森林の反応

明石 信廣

森林樹木の世代交代とシカの影響

　森林の大きな樹木も，いつかは枯れる。そして，その木の下で育っていた稚樹や，大きな木が枯れたことで明るくなった林床に芽生えた実生が，次の世代の木として育っていく。森林はこのような循環を繰り返して維持される。シカがいなければ，林床には多くの稚樹が生育しているのが普通である。日本の冷温帯は，林床がササ類で占められていることが多く，ササが多ければその下が暗くなり，稚樹は少なくなる。林床の稚樹は，限られた光を利用して光合成を行い，その稼ぎで翌年の枝を伸ばす。少しでも上に枝を伸ばさなければ，他の稚樹との競争に負けることになり，森林の上層を占めることができない。しかし，近年，日本の森では，増えすぎたシカが実生や稚樹を食べ尽くし，本来の森林の維持ができないのではないか，と思われるところが広がっている。シカの増加によって，森林にはどのような変化が生じているのだろうか。

　私は森林とシカの関係を単純化したモデルで検討した（Akashi 2009）。シカは林床の稚樹やササ，草本類などを食べる。稚樹が生長できる量は，前の年に食べられずに残った量によって決まると仮定したとき，シカの生息密度の変化によって予想される稚樹の状態は図1のように考えることができる。

　ある程度の大きさに生長した稚樹が，一部の枝葉をシカに食べられても，大きな影響はないかもしれない。そして，食べられた分以上に生長することができれば，樹高も次第に高くなる。したがって，シカが稚樹の枝葉を食べても，稚樹が生長を続けられる程度にとどまるようなシカの生息密度が，森

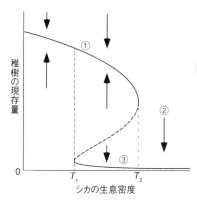

図1 シカの生息密度と稚樹の現存量の関係(May 1977 を改変)
①あるシカの生息密度のときの稚樹の現存量は，実線のところで安定する。
②生息密度が T_2 を超えると，生長量よりも食べられる量が多くなり，稚樹が急減する。
③稚樹が少なくなったところでは，シカの生息密度を T_1 以下に低下させなければ，稚樹の現存量は回復できない。

林が長期的に維持できる許容水準だと考えることができる（図1-①）。

シカが増加すると，稚樹は枝葉の先端を食べられて樹高が低下してしまう。さらに，光合成を行う器官である葉を失うのだから，その後の生長も低下する。食べられる頻度が数年に一度なら，その間に再び生長することもできるが，毎年のように枝葉を食べられたり，一度に多くの枝葉を食べられたりすれば，大きくなることができずに枯れてしまうこともある。稚樹の生長量よりも食べられる量が多くなると，稚樹が存在し続けられなくなる。シカに食べられて小さくなったり，枝葉が少なくなった稚樹にとって，翌年にも同じように食べられることのダメージはさらに大きくなり，稚樹は急速に減少していく（図1-②）。シカの生息密度が森林が維持できる許容水準以下にあるかどうかを判断するには，そのシカ密度において，林床植生が衰退しつつあるのか，回復しつつあるのかを知ることが重要である。

稚樹が少なくなった森林では，稚樹の生長量が少なくなる。そのため，シカの密度をかなり低く抑えなければ，シカが食べる量が生長量よりも多く，稚樹の現存量は回復できないことが予想される（図1-③）。

このような関係を検証するために，私は北海道の森林で調査を続けている。

シカの採食による稚樹の減少

図2は，北海道の空知地方にある由仁町の落葉広葉樹二次林で記録された稚樹本数の変化を示している。2007年には，枝にシカの食痕（植物に残された食べあと）が散見されるものの，稚樹は豊富に存在していた。しかし，2014年までに，胸高直径3cm未満の稚樹が60本から23本へと急減した。

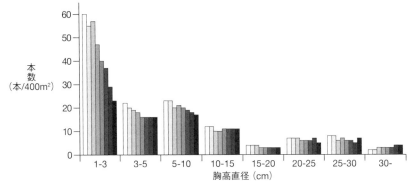

図2 由仁町の落葉広葉樹二次林における胸高直径別の樹木本数の推移
2007年に20m×20mの調査区を設置し、胸高直径1cm以上の樹木を調査した。棒グラフは各胸高直径段階ごとに、左から順に2007年から2014年までの毎年の本数を示す。

図3 エゾシカに幹を折られたシナノキ(由仁町)

これは、シカによる稚樹の採食量が稚樹の生長量を上回った結果であると考えられる。稚樹本数への影響が大きかったのは、幹折りであった（図3）。直径1cm前後の幹が折られ、多くはまもなく枯死した。樹種により本数の変化に違いがあり、シナノキは17本から3本、オオバボダイジュは11本から2本へと減少したのに対して、キタコブシは15本から12本へとわずかな減少にとどまった。この調査地周辺では、キタコブシにはシカの食痕がほとんど見られず、シカの嗜好性が低いことを反映したものと思われる。

林床植生の変化

1998年に釧路市音別町の天然林内に設定した調査区において、ミヤコザサの高さを測定した（図4）。ここでは1974年には70〜80cmのササが生

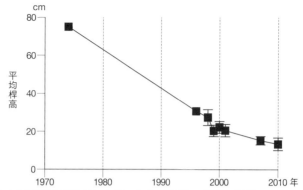

図 4　釧路市音別町の天然林におけるミヤコザサの高さの推移（明石 2012a）
1998 年に 1 m×5 m の調査区を 3 箇所設定し，1 m^2 ごとにミヤコザサの平均的な高さを測定した．1974 年には 70〜80 cm のササが生育していたと記録されている．2010 年には調査区の位置が正確に確認できなかったため，この付近で 1 m^2 の調査区 15 か所について測定した．

育していたことが記録されているが，1998 年には 27 cm になっていた（寺澤・明石 2006）．その後もササの高さは低下し，2007 年には 15 cm，2010 年にはわずか 13 cm であった（明石 2012a）．短期間のうちにササが消失するような強い採食圧ではないものの，ササの生長を上回る採食が続いた結果，シカの採食に耐性があるミヤコザサでも，長期間にわたる累積的な影響が現れてきている．ここでは，稚樹はすべてシカの採食を受け，ササの高さを超えて生長するものは皆無であった．

　稚樹の減少やササの小型化は，1 年ごとの変化はわずかであるため，詳細な調査をしなければ認識するのが難しい．また，胸高直径 3 cm 未満の稚樹の本数が減少したのに対して，3 cm 以上の本数はわずかな減少にとどまっていた．シカが届かない高さに枝葉をつけている樹木は順調に生長しており，注意深く見なければ，森林の変化にはほとんど気付かないことが多い．一般的に，稚樹は暗い林床よりも明るい林縁やギャップで生長が良いから，林縁やギャップでは稚樹が順調に生育していても，一歩林内に入ると稚樹がなくなってしまっている，ということも少なくない．

　このような過度のシカの採食が続くと，林床の植物はほとんど消失してしまう（図 5）．洞爺湖中島では，1957 年以降に導入された 3 頭のシカが増加し，植生に著しい変化をもたらした．1977 年には 460 種の植物が確認されていたが，2004 年には 121 種しか確認されなかったという（助野・宮木 2007）．

図5 ササが消失して林床が裸地化した森林（洞爺湖中島）

林床には大きな樹木になるような種の稚樹はなく，芽生えたばかりでまだ食べられていない実生があるだけである。

林床植生を保全するためのシカ管理

林床植生がほとんど消失した森林を見て，初めてシカの問題の深刻さが認識され，対策が検討されることが多い。しかし，このような段階の森林で，シカの個体数管理によって植生を回復させるのは非常に難しい。稚樹が豊富な段階なら，シカが枝葉を多少食べても稚樹は生長を続けられるが，稚樹が消失してわずかな実生しか存在しない森林で，シカが同じ量の餌を食べれば，当然，実生がすぐに消えてしまう。この段階では，シカ柵によってシカを完全に排除する必要があるかもしれない。

すなわち，稚樹が豊富な森林でシカが増加する過程と，稚樹が消失した森林でシカが減少する過程では，シカの密度は同じでも森林の状態は異なるということである（図1-③）。

実際には，シカの好む植物とあまり好まない植物があり，嗜好性の高い植物はシカの増加によって早い段階で減少する。林床には稚樹だけでなく多様な草本植物が生育しており，シカが減少したときには，生長の早い草本がいち早く回復するだろう。このように，シカの増加や減少に対する森林の反応は複雑である。

積雪とエゾシカ

シカは積雪が苦手だと考えられている（1.2）。北海道でも，1970年代に

図6 トドマツ林に続くシカの足跡（左）と剥皮されたオヒョウ（三笠市）

は積雪の多い日本海側にはシカがほとんど分布していなかった。しかし，現在は最深積雪深が1mを超えるような多雪地でもシカが越冬している。シカはどのようにして多雪地の森林で冬を過ごしているのだろうか。

　北海道の森林には，トドマツなどの常緑針葉樹が生育している。常緑針葉樹の森林では，樹冠で降雪が遮断されるのに加えて，一度樹冠に積もった雪がまとまって林内に落下するために，林内では積雪が少なく，シカの足が雪に沈み込みにくい（南野・明石 2008）。そのため，多雪地で越冬するシカは，常緑針葉樹をうまく利用している。天然林だけでなく，戦後に植栽されたトドマツ人工林も成熟し，シカが越冬できる森林が増加している。

　積雪の増加とともに，ササは餌として利用できなくなり，シカは主に樹木の枝や樹皮などの木本類を食べるようになる（南野・明石 2011）。しかし，常緑針葉樹林には，餌となる枝が少なく，トドマツなどの樹皮も嗜好性が低い。そのため，シカは常緑針葉樹林に滞在しながら，主に周囲の落葉広葉樹林やカラマツ人工林などで枝や樹皮を食べていることが多い。

　植物の側からみると，シカの餌資源が最も少なくなる時期に，稚樹が積雪に覆われることになり，稚樹が食べられる可能性は低くなる。しかし，積雪によって移動を制限されたシカは，雪を踏み固めたシカ道を利用して狭い範囲で越冬するため，局所的に多くの樹木が樹皮を剥皮される（図6）。剥皮は嗜好性の高い樹種に偏るため，森林の種組成にも大きな影響を及ぼす。

シカの影響の広がりを把握する

　稚樹やササが消失してから，シカの個体数を管理したり，シカ柵を造った

りしても，もとの植生を取り戻すのは容易ではない。シカが多くなるほど，シカの個体数管理も困難になる。そのため，先手管理の重要性が指摘されてきた（梶 2006）。稚樹がシカに食べられる頻度が高くなり，稚樹が生長できなくなったり，本数が減少し始めた段階で，シカの個体数管理を強化する必要がある。

このような森林の状態を，より簡便に把握するため，北海道では簡易チェックシートを用いた評価手法が検討されてきた（明石ほか 2013）。ブナ林，針広混交林，針葉樹林などさまざまなタイプを含む北海道の森林全体を対象として，シカの影響を大まかに把握することを目的としており，稚樹やササの食痕，シカの足跡などの痕跡の有無をもとに，その場所におけるシカの影響を点数化する。これを多地点で行うことにより，その地域の状況を評価することができる。稚樹の消失などの明らかな影響が見られなくても，食痕や足跡が記録される割合が高い地域では，シカが増加して対策を講じる必要性が高まっていると判断できる。

森林におけるシカ対策

北海道の森林は，全国の森林面積の22％を占める。この広大な森林を，シカ柵のみで保全するのは難しく，シカの個体数管理を適切に進めることが重要である。近年の強度の捕獲によって，北海道におけるシカの個体数は増加が食い止められている。森林の状態をモニタリングしながら，個体数管理をさらに継続する必要がある。

北アメリカ・ペンシルバニア州の森林では，シカの生息密度を管理することで，林床の植生を回復させた事例があるが（Royo et al. 2010），この地域では，シカの密度管理に加えて，森林の伐採や間伐によってシカの餌資源の生産力を高めることが，多様な稚樹の維持にとって重要であると考えられている（deCalesta and Stout 1997）。ドイツやデンマークでは，森林のなかにシカの餌場となる牧草地をつくることで，樹木の食害を軽減しながら，牧草地に誘引されたシカを捕獲している（明石 2012b）。このように，シカの生息密度の管理が可能なら，生息地管理によって植生への影響を軽減できる可能性もあり，日本でも今後検討する必要があろう。

引用文献

Akashi N (2009) Simulation of the effects of deer browsing on forest dynamics. Ecological Research, 24:247-255

明石 信廣 (2012a) 北海道の森林に広がるエゾシカの影響. 北海道の自然, 50:63-69

明石 信廣 (2012b) 森林と有蹄類の統合的な管理に向けて―デンマーク・ドイツ視察報告(3)―. 北方林業, 64:113-116.

明石 信廣, 藤田 真人, 渡辺 修, 宇野 裕之, 荻原 裕 (2013) 簡易なチェックシートによるエゾシカの天然林への影響評価. 日本森林学会誌, 95:259-266.

deCalesta DS, Stout SL (1997) Relative deer density and sustainability: a conceptual framework for integrating deer management with ecosystem management. Wildlife Society Bulletin, 25:252-258.

梶 光一 (2006) 保護管理計画の策定と実践.(梶 光一, 宮木 雅美, 宇野 裕之 編)エゾシカの保全と管理, 219-229. 北海道大学出版会, 札幌

May RM (1977) Thresholds and breakpoints in ecosystems with a multiplicity of stable states. Nature, 269:471-477.

南野 一博, 明石 信廣 (2008) トドマツ人工林はエゾシカの越冬地として有効か？日本森林学会北海道支部論文集 56:79-81.

南野 一博, 明石 信廣 (2011) 北海道西部におけるエゾシカの冬期の食性と積雪の影響. 哺乳類科学 51:19-26.

Royo AA, Stout SL, deCalesta DS, Pierson TG (2010) Restoring forest herb communities through landscape-level deer herd reductions: Is recovery limited by legacy effects? Biological Conservation, 143:2425-2434.

助野 実樹郎, 宮木 雅美 (2007) エゾシカの増加が洞爺湖中島の維管束植物相に与えた影響. 野生生物保護, 11:43-66.

寺澤 和彦, 明石 信廣 (2006) 天然林への影響.(梶 光一, 宮木 雅美, 宇野 裕之 編)エゾシカの保全と管理, 131-145. 北海道大学出版会, 札幌

2.1.2 東京三頭山のブナ林
——予防的に設置したシカ柵の効果

星野義延・大橋春香

東京都にブナ林？

　東京にブナの自然林が残されていると聞くと，意外に感じる人も多いだろう。確かに，都市化が進んだ東側の低地や台地に位置する東京都区部や多摩東部には，自然林はほとんどみられない。しかし，東京都は東西に細長く，西側の山梨や埼玉県に接する奥多摩地域は，多摩川の源流域にあたり，水源として重要な地域であるため，山林の大部分は二次林や植林に置き換えられているものの，一部は水源かん養保安林などとして自然林が保護されている（奥富ほか1987）。奥多摩地域の多摩川の北岸側に位置する，日原川上流から，東京都最高地点であり，百名山の1つになっている雲取山（2,018 m）にかけての一帯は，島嶼部を除いた東京都内で最も広い面積の自然林が残された地域となっている。この地域の自然林は，ブナやイヌブナ，ミズナラ，ウラジロモミなどが混交し，下層にはスズタケが優占する落葉広葉樹林が主体となっている。また，雲取山を中心とした標高1,800 m以上の山域は亜高山帯となり，コメツガやシラビソの優占する針葉樹林が広がっている。

　奥多摩地域でも多摩川の南岸側にはまとまって残存する自然林は非常に少なく，ブナの優占する落葉広葉樹林などがみられる三頭山（1,531 m）の山頂付近が，多摩川南岸側で自然林が残存する唯一の場所となっている。

東京都のシカについて

　東京には，自然林が残されているだけでなく様々な野生動物も生息している。シカもそのうちの1種であり，東京でも近年シカが「増えすぎ」て様々な問題が発生している。

　2011年現在でシカの分布する場所は，東京都西部の奥多摩地域にほぼ限られているが，かつてシカは東京都の平野部まで普通に分布していた。江戸

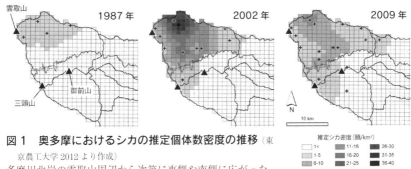

図1　奥多摩におけるシカの推定個体数密度の推移（東京農工大学2012より作成）
多摩川北岸の雲取山周辺から次第に東側や南側に広がった。

時代の鉄砲拝借史料*や農作物被害資料，鹿狩りの記録から，現在の国分寺市にあたる地域でも1800年代中ごろまではシカを鉄砲によって仕留めたという記録が残っている（古林・筱田2001）。明治時代ごろまでは武蔵野市吉祥寺周辺までシカが分布していたとされているが，銃器の普及に伴う狩猟圧の増大などの影響を受け，東京都内におけるシカの分布域はその後急激に減少した。多摩川の南岸では1945年ごろにはシカが一時的に絶滅し，多摩川の北岸においても雲取山周辺に分布が限られるようになった（東京都1978）。このような状況を受けて，東京都は1976年から2002年まで奥多摩町をオスジカ捕獲禁止区域に指定した。1947年から，メスジカは狩猟鳥獣から除外されていたので，1976年から2002年までの期間は，東京都内で狩猟によるシカの捕獲は全く行われてなかったことになる。シカの個体数はこの間に徐々に増加し，特に1990年代後半から急激に増加したことが報告されている（自然環境研究センター2003，2005）。奥多摩地域におけるシカの平均生息密度は1987年には1.9 ± 1.2頭$/km^2$であったが（群馬県教育委員会ほか1988），シカの生息密度がピークとなる2002年には11.6 ± 12.5頭$/km^2$にまで増加した。特に多摩川の北岸の一帯が高密度であった（図1）。その後，分布域は拡大しつつあるものの，積極的な個体数調整が行われた結果，シカの生息密度は減少し，2009年の段階では3.8 ± 4.2頭$/km^2$程度に抑えられている（自然環境研究センター2012）。

＊：江戸時代中期以降の日本では，農民が狩猟や害獣駆除のため鉄砲を使用するには「鉄砲拝借願」を領主に提出し，許可を得る必要があった。このような史料は，当時の鳥獣の分布状況を知るための貴重な情報源である。

シカによる植生への影響の現状

　多摩川北岸域ではシカの高密度化により，1990年代後半頃から植生への強い影響が生じた。奥多摩地域では，シカが高密度化する前の1980年代に植生調査が行われた地点において，シカの高密度化後の1999～2004年に再調査が行われ，植物群落の階層構造や種組成がどのように変化したかが詳細に明らかにされている（大橋ほか2007）。東京都内で最も広い面積の自然林が残されていた日原川上流から雲取山にかけての一帯では，ブナ林の林床を一面に覆っていたスズタケが大面積で枯死した。特に，急斜面地の森林ではスズタケの枯死によって土壌の捕捉力が低下し，土壌侵食が進行している。また，シオジやサワグルミなどからなる渓谷林では，林床に生育するヤマタイミンガサ，ミヤマクマワラビ，テバコモミジガサなどの多くの草本植物やヒメウツギなどの低木が減少した。さらに雲取山から鷹ノ巣山に至る稜線上の草原では，東京都の絶滅危惧種であるコウリンカや，ヤマハハコ，シオガマギク，ハナイカリをはじめとして，多くの草原生植物が減少傾向を示している。その一方で，ワラビやマルバダケブキといったシカの不嗜好性植物や，ヤマヌカボなどの採食耐性をもつ植物が目立つようになった（大橋ほか2007）。また，シカの高密度化は，植物群落の階層構造や種組成の変化をもたらしただけでなく，植物群落間の種組成の均質化や（Ohashi and Hoshino 2014），地域スケールでの植物種の多様性の低下をもたらしていた（大橋ほか2007）。

なぜ「予防的」に柵を造る必要があるのか？

　多摩川北岸域では，シカの生息密度は減少傾向にあるが，現状では植生が回復するまでには至っていない。シカの高密度化による強度の影響を受けた生態系は，シカの高密度化前の状態に回復するまでに長い年月を要する，あるいは回復不可能であるおそれがあることが指摘されている（Scheffer et al. 2001; Côte et al. 2004）。特に，シカの高密度化により減少しやすい，高茎広葉草本などの脆弱性の高い植物種は，シカの生息密度が低い段階から影響を受けやすいと考えられる（図2）。脆弱性の高い種を含めて植物種の地域的な絶滅を防いで，地域スケールで植物相を保全するためには，影響が顕在化する前から対策を開始する必要がある。

a)

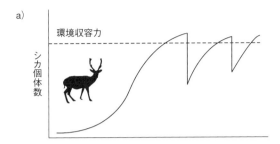

b) 柵を設置しなかった場合

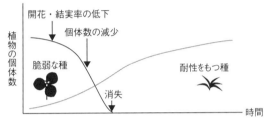

c) 脆弱な種が消失する前に柵を設置した場合

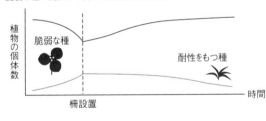

d) 脆弱な種が消失した後に柵を設置した場合

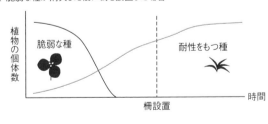

図2　シカ柵と植物個体数の経時変化の概念図
シカの生息密度（a）と柵を設置しなかった場合（b）、脆弱性の高い植物種が消失する前に柵を設置した場合（c）、脆弱性の高い植物種が消失した後に柵を設置した場合（d）の植物の個体数の経時変化の模式図。

　一方、シカの分布が一時的に消失していた多摩川南岸域では、1990年代後半になってからシカが再び分布するようになった。2000年代前半の段階では、多摩川北岸域でみられたような、シカによる植生への強度の影響は生じておらず、多摩川北岸域では減少傾向にある種がまだ多数残存している状

態であった。しかし，三頭山，月夜見峠，御前山(ごぜん)周辺など多摩川南岸の地域でも食痕が多数確認されるなど，影響が徐々に強まることが懸念された。

現在各地で設置されてきたシカ柵の大部分は，シカの高密度化による生態系への影響が深刻化してから設置されたものであり，シカの生息密度が低い段階からシカ柵を設置している事例はほとんどみられない。しかし，シカの高密度地域の周辺に存在する，「現時点ではシカの影響が顕在化していないが，今後シカの影響が強まる危険性の高い地域」を特定することができれば，シカが高密度化する前に予防的にシカ柵を設置するなどの早期の対策が可能となり，脆弱性の高い植物種を含む植生の保全が可能となる。

どのような植物群落が保全上の優先順位が高いか，奥多摩地域を含む関東山地で収集した植生調査資料を用いて検討した結果，草原の植物群落や渓谷林，高茎草本が林床に生育するブナ林は，シカの高密度化に対して脆弱性の高い種を多く含み，保全上の優先順位が高く，予防的な対策を行う意義が大きいと考えられた（大橋ほか 2014）。

三頭山のブナ林とシカ柵

三頭山にはブナ林，シオジ林，ツガ林などの冷温帯の自然植生がまとまって残されていて，「都民の森」として保全されている。ここのブナ林は植物社会学的にはブナ－ツクバネウツギ群集ヤマタイミンガサ亜群集とされ（奥富ら 1987），ヤマタイミンガサ，コウモリソウ，オクモミジハグマ，レンゲショウマなどの高茎広葉草本が林床に生育するブナ林で，太平洋側の雲霧のかかる緩やかな尾根に成立する広葉草本型の林床植生を発達させるタイプのブナ林である。

東京都のシカ保護管理計画検討会の委員であった高槻成紀氏や著者の1人の星野義延の委員会での意見などを受けて，東京都は2006年に三頭山のブナ林を中心に予防的なシカ柵を設置した。シカ柵の大きさは10mから15m四方程度で，多摩川北岸地域で減少が著しかった植物が生育する林分内に10か所に設置された。

さらに2009年には2006年設置の柵よりもやや大きめのシカ柵がブナ林，ミズナラ林，シオジ林である3か所に設置され，その後もシオジ林などにシカ柵の設置が進んでいる。渓谷林であるシオジ林は脆弱性の高い植物種が多く生育していて保全上の優先度は高いが，撹乱の激しい立地に成立するため

図3 三頭山のシカ柵内外での草本植物の開花結実の比較（市川晶子ファクソンの平成23年度東京農工大学卒業論文データより作成）
*: $p<0.05$, **: $p<0.01$

シカ柵の設置や維持管理が困難である。三頭山のシカ柵の場合は渓流の谷底部には設置せずに、比較的安定した斜面の下部に設置された。

シカ柵が設置された2006年にはシカの生息痕跡は認められたもののシカ柵の内外ともに採食痕がみられる植物はほとんど認められず、シカの影響はごく軽微であったが、2009年になるとシカによる採食痕がみられる植物が目立つようになってきた。2011年になると採食痕がさらに目立つようになり、この年に行われたモニタリング調査（自然環境研究センター 2012）の結果では、シカ柵の外に設置された10個の調査区の草本層に出現した166種の植物うち47種に採食痕が見つかった。なお、この年の結果では柵内の調査区でも草本層に出現した16種に採食痕が認められた。柵内にはノウサギの糞が確認され、シカの侵入はなかったので、ノウサギが採食したと判断された。柵の内外の間でで種構成に大きな差はまだ生じてはいないが、柵外での採食の影響は草本植物の開花結実状況の違いとなって現れ、オクモミジハグマなどの草本植物は柵内よりも柵外の方が開花結実した個体がみられる調査区が少なくなっていた（図3）。

御前山のミズナラ林とシカ柵

御前山にはミズナラやクリの優占する二次林が分布している。御前山山頂近くは石灰岩の露頭もあり林床にはマルバサンキライ、ワニグチソウ、クサタチバナなどの特徴のある植物が生育している。2007年に御前山の水源林と都有地の十数か所にシカ柵が設置された。設置当時はシカによる採食が始

まった時期で，特に御前山が自生地として有名なカタクリに食害が出て話題となった。御前山では都岳連による「カタクリパトロール」が実施されている。当初は盗掘などから守るための活動であったが，2013年のパトロール報告によるとカタクリはシカ柵の外ではほとんどみられなくなったようで，パトロール隊でも今後，保護活動を人からシカにシフトさせたいとして，2014年からはセンサーカメラを設置して調査を始めている。春植物であるカタクリの柵内外の生育状況についてのデータはとられていないので詳細は不明である。2008年と2009年，2013年にシカ柵内外で植生のモニタリングが実施され，植物の生育状況が調べられている（自然環境研究センター 2009, 2010, 大東設計コンサルタント 2014）。柵設置直後の2008年と2009年のシカの食痕調査結果では柵外の調査区（3調査区）で低木層の植物が2008年に採食痕が23種中2種で認められていたのが2009年には17種中5種に，草本層では2008年が103種中23種から81種中39種と増加し，短期間でシカによる被害が進行していることがうかがえる。シカ柵内の低木層，草本層の植物には採食痕はみられなかったので，シカ柵の設置は強まるシカによる採食圧から植物を守る効果があったといえる。

　低木層と草本層の植被率は，2013年にはシカ柵内の調査区で増加傾向，柵外の調査区で減少傾向にあり，柵の内外で低木層や草本層の植被率に差がみられるようになった。柵外では草本層の植被率が30％を超える調査区がなくなるなど，シカの採食による植生の退行とシカ柵設置による植生の回復の両方により柵内外の植被率の差は大きくなってきている（図4）。

　御前山では2013年の時点で柵外の調査区にもオオバショウマ，ジャコウソウ，ユキザサといった採食に弱い広葉草本がまだ生育しており，森林の種組成の大幅な変化や種多様性の低下はまだ生じていないようである。

予防的に設置したシカ柵の効果

　シカによる植生被害が軽微な段階で設置された三頭山と御前山のシカ柵は，予想されたシカの生息密度の増加に伴って生じる積算的な植物への影響を軽減し，林床の植被率の維持や草本植物の開花・結実率の低下を防いでいる。東京都のシカの生息密度は低下傾向にあるものの，脆弱性の高い植物や植生にとってはまだ高いレベルが維持されている。こうした現状では柵設置による植生保護の効果がこれからも期待される。さらに，予防的に設置した

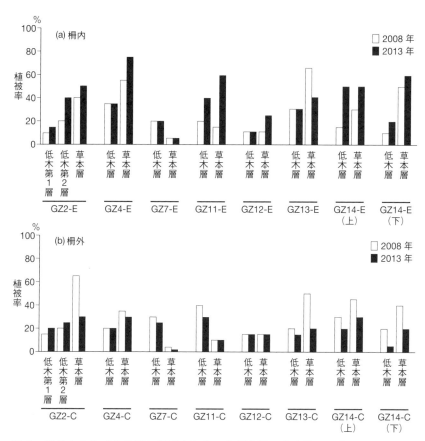

図4 御前山のミズナラ林に設置されたシカ柵内外の草本層・低木層の植被率の変化（大東設計コンサルタント 2014 より作成）

柵内の調査区（**a**），柵外の調査区（**b**）。柵設置直後の 2008 年から 2013 年の 5 年間で柵内の調査区の植被率は増加し，柵外の調査区の植被率は減少して柵内外の差が大きくなった。

シカ柵内外で実施されているモニタリングによるデータの蓄積は，どのような状態であればシカ柵の設置によって植生の回復が期待できるかについての貴重な資料を提供してくれるであろう。

東京都で設置されているシカ柵は小規模なものが多く，保護されている植生の面積はシカの採食の影響を受けているものに比べてはるかに小さく，地域の生物多様性の維持にどれだけ貢献できているのか疑問が残る部分もある。地域全体でどのようにすれば脆弱性の高い植物を含む保全上の重要度の

高い植生を維持できる程度のシカの密度を保てるのか,シカの個体群管理に関する議論も同時に行っていく必要があるだろう.

引用文献

Côte SD, Rooney TP, Tremblay J-P, Dussault C, Waller DM (2004) Ecological impacts of deer overabundance. Annual Reviews of Ecology, Evolution, and Systematics, 35:113-147

古林 賢恒, 筱田 寧子 (2001) 江戸近郊におけるニホンジカ (Cervus nippon) の生息状況. 野生生物保護, 7:1-24

群馬県教育委員会, 埼玉県教育委員会, 東京都教育委員会, 山梨県教育委員会, 長野県教育委員会 編 (1988) 昭和61〜62年 関東山地カモシカ保護地域特別調査報告書. 群馬県教育委員会, 群馬

奥富 清, 奥田 重俊, 辻 誠治, 星野 義延 (1987) 東京都の植生. 東京都植生調査報告書 23-249. 東京都, 東京

大橋 春香, 星野 義延, 大野 啓一 (2007) 東京都奥多摩地域におけるニホンジカ (Cervus nippon) の生息密度増加に伴う植物群落の種組成変化. 植生学会誌, 24:123-151

Ohashi H, Hoshino Y (2014) Disturbance by large herbivores alters the relative importance of the ecological processes that influence the assembly pattern in heterogeneous meta-communities. Ecology and Evolution 4:766-775

大橋 春香, 星野 義延, 中山 智絵, 奥山 忠誠, 大津 千晶 (2014) ニホンジカ高密度化に対する脆弱性とRDB掲載種からみた植物群落の保全危急性評価. 日本緑化工学会誌, 39:512-520

大東設計コンサルタント (2014) 平成25年度シカ実態等調査報告書, 46pp＋資料116pp, 東京

Scheffer M, Carpenter SR, Foley JA, Folke C, Walker B (2001) Catastrophic shifts in ecosystems. Nature, 413:591-596.

自然環境研究センター (2003) 平成14年度シカ生息状況調査報告書, 自然環境研究センター, 東京

自然環境研究センター (2005) 平成16年度シカ生息実態等調査報告書, 自然環境研究センター, 東京

自然環境研究センター (2009) 平成20年度シカ生息実態等調査報告書, 自然環境研究センター, 東京

自然環境研究センター (2010) 平成21年度シカ生息実態等調査報告書, 自然環境研究センター, 東京

自然環境研究センター (2012) 平成23年度シカ生息実態等調査報告書, 自然環境研究センター, 東京

東京都 編 (1978) 動物分布調査報告書 (哺乳類) 13, 26pp, 東京都, 東京

東京農工大学 (2012) シカ植生影響調査研究報告書, 東京農工大学, 東京

2.1.3 丹沢のブナ林――神奈川県は シカから森林を守ることができたのか

田村 淳

丹沢の現状

　神奈川県は 1997 年から丹沢の標高 1,000 m 以上のブナ林にシカ柵（以下，柵）を多数設置してきた。2014 年 3 月時点で 569 基，総延長 73 km，総面積 60 ha の実績がある。これまでの調査から，柵内にはかつて絶滅したと思われていたイッポンワラビやクガイソウ（口絵6-③，図1）など 25 種の神奈川県絶滅危惧種が見つかっている。また，ブナ林を構成する樹木の稚樹は生長しており，矮小化したスズタケは健全な状態に回復しつつある。設置から 15 年以上が経過して，植物にとって柵はシカ採食からのレフュージア（避難場所）の役割を果たしている。

　2003 年からは林床植生が衰退したブナ林の植生回復を目的として，県が神奈川県猟友会に委託してシカの個体数管理も実施しており，柵の設置とシカの個体数管理の両面作戦で植生回復を図っている。県の個体数管理が 10 年経過して，シカの密度が低下した地域のなかには不嗜好性種を含む植物の植被率が増加したり，低木のシュートが伸びてきたりして，植生回復の兆しが見えてきたところもある。しかし，丹沢全体として見ると植生の健全化には程遠い。それでも 2007 年から丹沢のシカ個体数が低減傾向にあることが，これまでのシカの生息モニタリングデータや捕獲実績に基づいたモデル解析で示されており（神奈川県自然環境保全センター野生生物課 未発表），現状の捕獲圧を継続すれば柵外においてもいずれ植生は回復すると期待されている。

　丹沢における柵の特徴は，地形に合わせて一辺 30〜50 m の方形の柵を連続して配置することで，破損した際にシカが侵入して植生が全面衰退するというリスク分散を図っていることである。この利点は植物種の地域絶滅を防ぐとともに，シカの個体数管理によって密度が低下した際の柵外への種子の供給源となることである。

図1　シカ柵内に生育するクガイソウ

　これほどまでに柵が多数設置され，植生やシカの各種モニタリングが行われている地域は丹沢以外にないと思われる。この背景には，1950年代からシカ問題で県が苦労してきた経験と，専門家や市民，行政の連携による過去3回の科学的総合調査の実績がある。3回の調査とは，国定公園に指定するために1962～1963年に行われた『丹沢大山学術調査』（国立公園協会1964，以下1964総合調査）と，稜線部のブナ枯れをきっかけとして1993～1996年に行われた『丹沢大山自然環境総合調査』（神奈川県公園協会・丹沢大山自然環境総合調査団企画委員会1997，以下1997総合調査），自然再生の処方箋を描くために2004～2006年に行われた『丹沢大山総合調査』（丹沢大山総合調査団2007）である。

　こうした「丹沢モデル」ともいうべき県による柵を使った植生回復の取組みを紹介する。

ブナ林に柵がつくられるようになった経緯――丹沢のシカ問題の歴史

　1990年代から全国でシカ問題が起きているが，丹沢のシカ問題の歴史は古い。丹沢のシカ問題は過去に3回あった（山根2012）。最初は戦後の乱獲による絶滅の危機である。1954年の猟期終了時には50頭まで激減したといわれている（柴田・村瀬1964）。そこで県は1955年から1970年まで県内全域でシカの捕獲を禁止した。こうしてシカの個体数は徐々に回復して，1960年代後半には1,000頭と推定された（中村1969）。

　第2のシカ問題は，1960年代半ば以降の林業被害である。シカ捕獲の全面禁止による個体数の増加と分布域の拡大に加え，薪炭用の広葉樹二次林や，

カヤト（ススキ草原），一部の天然林をスギやヒノキの造林地に転換したことで，林業被害が発生するようになった。被害に対して，県は1970年に丹沢の低～中標高域の4か所に猟区を設定してシカの捕獲を解禁にするとともに，幼齢造林地の周囲を県の全額公費負担で柵を設置するようにした。

造林地における柵の設置で第2のシカ問題は解決すると思われたものの，1980年代後半になってブナなど天然林の林床植生の衰退という第3のシカ問題が起こるようになった。例えばブナ林の林床を優占していたスズタケの衰退や，オオモミジガサ（口絵6-③）やレンゲショウマなどの多年草の減少，樹木稚樹の更新阻害である。当初はシカが原因とは思われていなかったが，1997総合調査の際にシカ調査グループによって試験的に設置された2タイプの柵（2m四方で合成繊維（漁網）製と10m四方で金網製）の内外の植生調査により，シカの採食圧で衰退していることが確認された。他にもウラジロモミなどの高木の樹皮剥ぎが認められるようになった。

1997総合調査では，ブナ林の植生がシカの強い採食圧を受けて衰退していること，シカの栄養状態も悪化していることなどが明らかになり，このような状況が続くと森林とシカの共倒れが危惧されたことから，ブナ林での柵の設置と科学的なシカの個体数管理が県に提言された。そこで県は，1997年に丹沢大山国定公園特別保護地区のうちブナ林の植生衰退の最も著しい3つの地域に計60基，総延長8km，総面積7.6haの柵を緊急的に設置した。それ以降，設置規模の大小はあるものの今日まで継続して柵の設置と維持管理が行われている。

なお，柵が造られるようになった1997年時点のシカの生息数は，丹沢大山鳥獣保護区内（面積14,225ha）で推定600～900頭（丹沢大山自然環境総合調査団シカ班1997），県による個体数管理を開始した2003年時点では丹沢全域（面積約40,000ha）で2,400～4,300頭（藤森ほか2013），2012年は3,100～5,500頭である（神奈川県自然環境保全センター野生生物課 未発表）。個体数管理を行ってきたのに推計値が増えたのは，その推計に使われている区画法という調査方法がもつ誤差と，県の個体数管理を開始した2003年時点は過小推計であった両方の可能性がある。上述したように2007年から丹沢のシカの生息数は低減傾向にある。

図2　2タイプのシカ柵
左：ロール型，右：パネル型

柵の設置状況

　丹沢のブナ林は標高1,000 m以上の山腹斜面から尾根にかけての土壌の厚い緩傾斜地に成立している。尾根といっても50 mも下れば傾斜の変換点があって，その下方は急傾斜だったり崩壊地がせり上がってきたりしている。その傾斜の変換点までが柵を設置できる範囲である。

　ブナ林の柵は自然公園事業で設置されている。自然公園事業ではブナ林の他にウラジロモミ林やシオジ林，ニシキウツギなどの風衝低木林にも柵を設置している。また，丹沢の標高1,300 mを超える主稜線部の南から西斜面では大気汚染やブナハバチ，水分ストレスの複合影響でブナなどの樹木が枯死して森林が衰退しており（山根ほか2007），このような樹木の枯れた場所においても後継樹の確保をねらって柵は設置されている。こうして冷温帯の多様な森林が柵で守られている。柵を設置する事業費は，2007年までは県の単独事業予算や環境省の予算であったが，2007年からは県民からの超過課税による「かながわ水源環境保全税」も充当されている。

　自然公園事業で設置されている柵の構造は1辺が30〜50 mの方形で高さは1.8 mの鋼製である。丹沢大山国定公園特別保護地区に柵は設置されているため，景観に配慮して茶色に着色されている。こうした柵を1地域に複数基設置している。自然公園事業では2タイプの柵，すなわちロール状とパネル状の金網の柵（図2）が用いられている。神奈川県自然環境保全センター自然公園課資料によれば，運搬費と設置費を入れたメートルあたりの単価は3,600〜7,000円である。運搬は，林道から遠く離れた稜線部に柵が設置されることが多いため，ヘリコプターが主体である。

丹沢で採用している一辺30～50m四方の柵を連続して配置する方法は，1970年からスギやヒノキの幼齢造林地で設置するようになった柵の経験を活かしたものである。幼齢造林地の柵は数haを囲むため，1か所でも破損するとシカの侵入で多くの苗木が被害を受けた経験である。また，丹沢のように成熟したブナ林に柵を設置すると，台風などの強風で倒木や太枝の折れが頻繁にある。一辺30～50m四方の規模の柵を複数基設置することでリスク分散が図られ，植生保護の目的を達成しやすいと考えている。

柵のモニタリングを開始したきっかけ

自然公園事業による柵が科学的データに基づいて提言，設置されるようになったものの，モニタリングは体系立てて行われてきたわけではない。本来なら柵の内外予定地に試験区を作って事前に調査して，柵の設置後に内外で経年変化を追跡していくことが原則である。しかも1つの柵からのデータは偏っている可能性があるため複数の柵を使った繰り返しが必要である。しかし筆者の場合，最初の頃は柵が設置されてからの後追いで調査してきた。

自然公園事業で設置した柵でモニタリングするようになったのは2000年からである。これは，当センターの前身であり，筆者が在籍していた県の森林研究所や丹沢大山自然公園管理事務所，県有林事務所など5つの機関が統合して，2000年に自然環境保全センターが設立されたことが大きい。統合前の1999年には丹沢大山自然公園管理事務所から柵内の植生モニタリングを実施するよう要望もあった。そこで，2000年から当センター自然公園課の職員と連携して，1997年に事業で設置された柵で調査することにした。この年は3地域の8か所の柵内に10m四方の試験区を10個作って植生を調査した。その結果，10m四方の狭い面積においても，県の絶滅危惧種であったクルマユリが1か所で出現した。それまで柵内の植生回復の実態が不明であったことから，大々的に調査すれば多くの絶滅危惧種の確認を予想できた。

2001年からは，神奈川県植物誌調査会の植物愛好家や東京農工大学と東京農業大学の学生さんの協力を得て，1997年に設置された25基の柵の全面で植物相を調査することにした。出現した植物は合計300種を超え，県の絶滅危惧種や新発見の種は合わせて10種あった。当時の調査で最も印象深いのはオオモミジガサ（口絵6-③，図3）を初めて見たことである。オオモ

図3　シカ柵内に生育するオオモミジガサ

ミジガサは1964総合調査時にはブナ林に多くあったようで，その際に群落名としてオオモミジガサ-ブナ群集が記載された（宮脇ほか1964）ように丹沢のブナ林にとって記念すべき植物なのである。この2001年までの調査から，柵には植生回復の効果があるということが推測から確信に変わった。その後は調査地と対象の植物群を絞って定期的に調査を行っている。

柵設置後のブナ林の変化──特に林床植生について

　ブナ林の林床植生の衰退で問題となったのは多年草の絶滅のおそれとスズタケの衰退，樹木稚樹の更新阻害であったことから，調査対象をこれらの3つの植物群に絞っている。また，同一斜面に設置年の異なる柵が隣接して複数あるという丹沢の利点を生かして，シカの採食圧を受けてきた時間の長さによる植物の回復状況の違いも調査している。

　多年草については10地域の70基以上の柵内で網羅的に県の絶滅危惧種の確認と個体数計測，開花・結実の有無を調査してきた。これまでに21種の絶滅危惧種の多年草を確認した（田村ほか2011）。これらは埋土種子からの再生によるものもありえるが，小型化した地上部や地下器官が残存していたことで回復につながったと考えている。21種のうちの15種は神奈川県レッドデータブックではシカの採食を減少要因とする種である。そのうちの14種は柵内で開花・結実個体が見られることから，種子から発芽，生長，成熟という生活史が循環していると考えられ，シカによる丹沢からの地域絶滅は免れている（田村ほか2011）。

　また，絶滅危惧種を含む12種の多年草について，同一斜面上で隣接した設置年の異なる柵（一方は衰退後約10年経過，他方は衰退後約16年経過）

図4 スズタケが衰退したブナ林に1997年に設置されたシカ柵内の変化
左：設置後6年目，右：同15年目。スズタケに混じって高木性樹木の稚樹も低密度ながら生育している。

を用いて出現状況を比較したところ，設置年による個体数に差異のない種があった一方で，ハルナユキザサのように先に設置した柵の方で有意に個体数が多い種があった（田村 2010）。このことは，シカの採食圧を長く受けると鱗茎や塊茎などの地下器官が枯死して回復しにくい種があることを示唆している。これらの種の保護のためには衰退が進まないうちに柵を設置することが重要である。

スズタケの調査では，同一斜面上で先に設置した柵（衰退後約10年経過）と後に設置した柵（衰退後約15年経過）の内外に試験区を作って，設置後1年目と3年目，5年目，7年目，10年目に稈高と被度を測定してきた。先に設置した柵内では年々スズタケの稈高と被度が増加した（図4）。一方，5年遅れて設置した柵内では稈高は先の柵と同様に増加したが，被度は柵設置後7年目までは先の柵よりも低く（田村 2013），10年後の調査でやっと増加に転じたことを確認した（図5）。先の柵と後の柵で被度に差異が生じた理由として，スズタケの地下茎は単軸分枝であり，後の柵では枯死した稈が多いことによる地下茎の分断と，生き残っている稈には地下茎を伸長させるほど物質生産に余裕がなかったことがあげられる（田村 2013）。なお，柵外では時間が経過しても稈高と被度に変化はなかった（図5）。

高木性樹木稚樹の調査においてもスズタケと同じ試験区を使って樹種を記録し樹高を測定した。設置後7年目の調査から，全高木性樹木稚樹の密度は先の柵で高かったものの，スズタケ稈高よりも高い高木性樹木稚樹は先の柵と後の柵ともに同程度の個体数であった。後の柵ではスズタケの代わりに低木が繁茂していた。これらの結果から，高木性樹木稚樹はスズタケの回復の

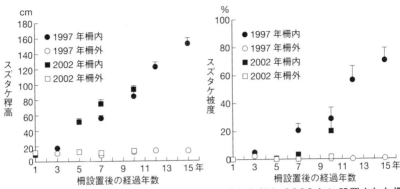

図5 同一斜面上に隣接して1997年に設置された柵と2002年に設置された柵の内外におけるスズタケの回復状況（田村 未発表（田村2013にその後のデータを追加））
左：稈高，右：被度。縦棒は標準誤差を示す。

程度に関わらず両柵内でスズタケや低木と競合しながら生長していると考えられた（田村2013）。なお両柵の柵外では10 cmを超える稚樹は少なかった。

以上のように柵は多くの植物にとって回復の効果があり，柵内は植物のレフュージアになっていることが確認された。その一方で，一部の多年草とスズタケに関しては，衰退の兆しがあらわれたら早いうちに柵を設置することが望ましいことも分かった。丹沢のブナ林とその植物が守られているのは，1997総合調査の提言を受けて，県が緊急的に柵を設置して，現在までも継続して柵の設置と維持管理をしてきた取り組みの成果といえる。

柵の問題点

柵には植生回復の効果がある一方で，いくつかの問題がある（田村2011）。第1は柵で守られる面積が限られることである。丹沢では上述のように大々的に柵を設置しており，設置できそうな緩斜面には良い按配で柵が配置されているが，それでも丹沢の約40,000 haという面積と比較したらわずかである。丹沢全域の植生を保護するためには，柵の設置と連動したシカの個体数管理が必要不可欠である。

第2の問題は，柵の設置場所に関係して破損しやすいことである（図6）。丹沢では成熟したブナ林に柵を設置しているため，倒木や太枝の落下で破損するのは宿命ともいえる。それを前提に柵を設置する必要がある。また，2014年2月の2回にわたる降雪とその雪圧によって柵の斜面下側が倒伏す

図6　シカ柵の破損状況
左：倒木によるもの，右：雪圧によるもの。右の写真には斜面の左上と右下に別個に2基の柵がある。手前のポールは鉛直方向，後ろの横になったポールは倒壊方向を示す。

る破損も目立った（口絵6-②，図6）。そのため定期的な柵の見回りや補修といった維持管理が重要になってくる。柵を破損したままで補修しないでいると，せっかく回復した絶滅危惧種やスズタケ，樹木稚樹もシカに採食されて小さくなってしまう。破損の状況によっては新たに柵を設置しなおす場合もある。丹沢には古い柵の周りに新たに設置した二重の柵もある。同じ地域で柵を見続けていると，柵は10～15年程度にわたって機能すれば良いように感じている。

　第3の問題は，動物の移動の妨げとなる場合があることである。丹沢にはシカのほかにツキノワグマやカモシカ，ムササビなどの哺乳類やヤマドリなどの鳥類がいる。ツキノワグマは柵を乗り越えて移動できると思われるが，カモシカは難しい。ムササビや鳥類にとっては移動の妨げにならないと思われていたが，筆者には苦い経験がある。例えば，調査の帰り道に急いで柵の横を通過した際に，筆者の足音に驚いて柵内の藪から何らかの鳥類が数羽飛び立ち，連続してバンバンという柵にぶつかる音が聞こえたのである。鳥類が柵内を利用していることは事実であるものの，柵はすべての動物にやさしいわけではない。

今後の方向性

　本節のタイトルである「丹沢のブナ林――神奈川県はシカから森林を守ることができたのか」に対して，「柵をつくったところは守られているが，道半ばである」ということが率直な答えである。柵はあくまでも緊急避難措置であり，シカの個体数管理との両面作戦で植生回復を図っていくことが今後

も必要である。柵だけでは一部の植物しか保護できないが，シカの個体数管理だけでも植物を保護できるわけではない。特に一度衰退した植生を個体数管理で回復させることは至難の業である。そのため，保護したい植生や絶滅危惧種がある地域では，緊急避難措置として柵を設置することが次善の策といえる。

県では上述のように衰退した植生の回復を目的として神奈川県猟友会に委託した個体数管理を2003年から実施してきたが，丹沢の地形の険しさやアプローチの悪さもあって，捕獲の空白地帯が存在していた。そこで，2012年からは捕獲を専門とするワイルドライフレンジャーを3名雇用して，空白地帯での捕獲に取り組んでいる。2014年からはワイルドライフレンジャーを5名に増員して，シカ捕獲圧を強化した。

シカ捕獲圧の強化だけでなく，ブナ林以外の森林も保護するために，県のさまざまな事業で柵の設置が進められている。水源の森林づくり事業や県営林整備事業，渓畔林整備事業においてもモミ天然林や広葉樹二次林，渓畔林，スギ・ヒノキ人工林などに柵が設置されている。このように様々な森林に柵を設置することと個体数管理の両面作戦，さらには各種事業の効果検証のモニタリングも行っており，順応的管理で丹沢の森林生態系の保全を図っているところである。

シカの個体数管理と柵の設置あるいはその維持管理はシカの個体数が減少したとしても継続していくことになろう。なぜなら，捕獲圧の強化によるシカ密度の低下と植生回復にはタイムラグがあり，その時間差は数十年スケールにのぼる可能性があるからである。また低密度になればなるほど捕獲効率は落ちてくる。さらにはハンター人口もすでに減少していることから，今まで以上にシカの個体数が増加しやすいことが推察される。シカがこれまでに生息していなかった地域でも新たな侵入がみられ，個体数の増加が起きるかもしれない。これらのことを想定して，持続的，順応的，予防的にシカの個体数管理と柵の設置，そしてシカと植生のモニタリングを実施していくことが将来にわたる森林生態系の保全の成否を握っていると考えている。

引用文献

藤森 博英, 末次 加代子, 池谷 智志, 小林 俊元, 永田 幸志, 羽太 博樹, 木佐貫 健二 (2013) 第2次神奈川県ニホンジカ保護管理計画期間中の区画法によるニホンジカの生息密度.

神奈川県自然環境保全センター報告, 11:27-36
神奈川県公園協会・丹沢大山自然環境総合調査団企画委員会 (1997) 丹沢大山自然環境総合調査報告書. 神奈川県, 神奈川
国立公園協会 (1964) 丹沢大山学術調査報告書. 神奈川県, 神奈川
宮脇 昭, 大場 達之, 村瀬 信義 (1964) 丹沢山塊の植生. ((財) 国立公園協会編) 丹沢大山学術調査報告書, 54-102. 神奈川県, 神奈川
中村 克哉 (1969) 丹沢・大山自然公園鳥獣管理調査報告. 東京農工大学農学部林学科自然保護学研究室, 東京
柴田 敏隆, 村瀬 信義 (1964) 丹沢のシカと植生との関係. ((財) 国立公園協会編) 丹沢大山学術調査報告書, 291-302. 神奈川県, 神奈川
田村 淳 (2010) ニホンジカの採食により退行した丹沢山地冷温帯自然林における植生保護柵の設置年の差異が多年生草本の回復に及ぼす影響. 保全生態学研究, 15:255-264
田村 淳 (2011) 植生保護柵の効果と影響の整理—丹沢の事例—. 森林科学, 61:17-20
田村 淳 (2013) シカによりスズタケが退行したブナ林において植生保護柵の設置年の差異が林床植生の回復と樹木の更新に及ぼす影響. 日本森林学会誌, 95:8-14
田村 淳, 入野 彰夫, 勝山 輝男, 青砥 航次, 奥津 昌哉 (2011) ニホンジカにより退行した丹沢山地の冷温帯自然林における植生保護柵による希少植物の保護状況と出現に影響する要因の検討. 保全生態学研究, 16:195-203
丹沢大山自然環境総合調査団シカ班 (1997) 丹沢大山鳥獣保護区におけるシカの生息密度調査結果. 丹沢大山自然環境総合調査報告書別冊. 神奈川県, 神奈川
丹沢大山総合調査団 (2007) 丹沢大山総合調査学術報告書. (財) 平岡環境科学研究所, 神奈川
山根 正伸 (2012) シカの管理—奥山に登ったシカ. (木平 勇吉, 勝山 輝男, 田村 淳, 山根 正伸, 羽山 伸一, 糸長 浩司, 原 慶太郎, 谷川 潔 編, 丹沢の自然再生, 日本林業調査会, 東京), 283-295.
山根 正伸, 藤澤 示弘, 田村 淳, 内山 佳美, 笹川 裕史, 越地 正, 斎藤 央嗣 (2007) 丹沢山地のブナ林の現況—林分構造と衰退状況—. (丹沢大山総合調査団編) 丹沢大山総合調査学術報告書, 479-484. (財) 平岡環境科学研究所, 神奈川

コラム1　土壌侵食とシカ被害
石川　芳治

　シカによる林床植生の衰退は山地斜面における土壌侵食に大きな影響を与えている。丹沢堂平地区（神奈川県愛甲郡清川村宮ヶ瀬）のブナ林ではシカの採食により広い範囲にわたり林床植生が衰退している。このブナ林の斜面上に林床植生被度が大，中，小と異なる3個の土壌侵食調査用の試験プロット（幅2m，長さ5m，斜面勾配約33°）（図1）を設置した。各試験プロットについて2004〜2006年の4月（2004年は7月）〜11月の期間中に斜面の土壌が侵食された深さを測定したところ，林床植生被度が小さいほど土壌侵食深は大きくなる傾向が認められ，林床植生の被覆が極めて小さい箇所では年間数mmの厚さの土壌が侵食されていることがわかる（図2，若原ほか2008）。図2において，各年において土壌侵食深が変化しているのは各年で降雨量が異なるためである。また，図2より土壌侵食には地表面を覆っている林床植生とリター堆積の両方が重要であることが分かる。そこで，地表面を覆う林床植生とリターの面積率の指標として，林床合計被覆率＝林床植生被覆率＋堆積リター被覆率を毎月測定した。一方，降雨量が増加すると土壌侵食量もほぼ比例して増加する傾向が一般に認められている。このため，雨量1mm当たりの各月の土壌侵食量を求め，これと各月の林床合計被覆率の関係を求めたところ，雨量1mm当たりの土壌侵食量は林床合計被覆率と

図1　土壌侵食調査用試験プロット（被度が小さい場所）

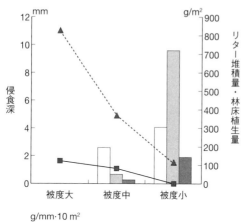

図2 林床上のリター堆積量・林床植生量と土壌侵食深の関係（若原ほか2008）

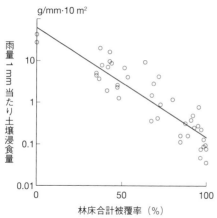

図3 林床合計被覆率と雨量1mm当たりの土壌侵食量（初ほか2010）

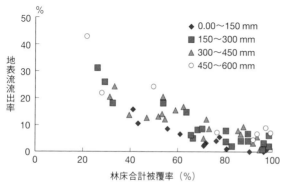

図4 林床合計被覆率と地表流流出率の関係，降雨量階級毎（海虎ほか2012）

負の相関があることがわかる（図3，初磊ほか2010）。森林に降った雨は樹冠により一部が遮断されるが，大半は森林内の地表面に到達する。この雨水の大部分は地表面から地中に浸透するが，残りは地表面上を流下する。これを「地表流」と呼び，地表流の量を森林内に降った雨の量で除した値を地表流流出率（百分率）と呼ぶ。試験プロットにおいて測定した地表流流出率と林床合計被覆率の関係を示すと，林床合計被覆率が減少すると地表流流出率が増加し，このことが土壌侵食量を増加させている（図4，海虎ほか2012）。また，地表流流出率が増加すると洪水時に河川流量が増加し，洪水の危険性を増すばかりでなく，地中への雨水への浸透量の減少は森林の水源涵養機能の低下を招くと考えられる。

引用文献

初 磊，石川 芳治，白木 克繁，若原妙子，内山佳美(2010) 丹沢堂平地区のシカによる林床植生衰退地における林床合計被覆率と土壌侵食量の関係. 日本森林学会誌 92:261-268

海虎，石川 芳治，白木克繁，若原 妙子，畢力 格図，内山 佳美(2012) ブナ林における林床合計被覆率の変化が地表流流出率に与える影響. 日本森林学会誌 94:167-174

若原 妙子，石川 芳治，白木 克繁，戸田 浩人，宮 貴大，片岡 史子，鈴木 雅一，内山 佳美(2008) ブナ林の林床植生衰退地におけるリター堆積量と土壌侵食量の季節変化. 日本森林学会誌 90:378-385

2.1.4 春日山原始林と奈良のシカ
——照葉樹林を未来につなげるために

前迫ゆり

　正倉院に伝えられる最古の地図「東大寺山堺四至図」(756年)には,「南北度山峯」と記された春日山と,それに連なる若草山が描かれている。春日山は深い森を思わせる隆起が力強く描かれ,現在,シカの餌場でもある若草山は,当時,森であったことが読みとれる。春日山の前方(西)には円錐形に隆起する御蓋山(神奈備)が描かれている。一方,春日社縁起(768年)にもとづいて描かれた「鹿島立神影図」には,「白鹿に乗じて榊を鞭となし,祭神武甕槌神が鹿島から御蓋山に降臨されたさま」が描かれている。これら2つの図から奈良の地における森とシカの文化的つながりが,およそ1300年以上も前に及ぶことがわかる。

　しかしながら,過剰な個体密度で生息する「奈良のシカ」の強い影響によって,今,春日山原始林は崩壊の危機にある(山倉ほか2001,山倉2013,前迫2002, 2006, 2013)。シカの採食影響によって,外来樹木の拡散と多様性劣化が進行する照葉樹林の再生過程を検証するために,2007年と2012年に「シカ柵」実験区を設置した。森林再生を検証するに十分な時間とはいえないが,このシカ柵における植物の反応から,春日山照葉樹林の未来について考えたい。

春日山原始林の地域固有性

　日本の暖温帯域に成立する照葉樹林は日本全体の植生の1.6%にも満たない(環境庁自然保護局1996)。その意味でも,春日山原始林に成立する約300 haの照葉樹林(以下,春日山照葉樹林)は貴重であり,平城宮跡から望む春日山原始林と若草山の草地のコントラストは地域景観の要として見事である。

　春日山原始林が1956年に特別天然記念物に指定された事由は,「……原始林にして,老樹大木繁茂し,暖地の草木に富み,加うるに寒地の種類を交

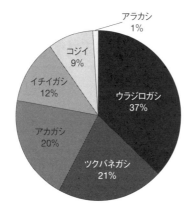

図1　春日山原始林のブナ科大径木の割合（奈良県資料 2012, 2013 より作成）
300 ha に胸高直径 80 cm 以上のブナ科樹木は 362 個体生育していた。

え，稀有の林相を呈せる」(奈良県教育委員会 1974) と記されており，この森林が多様な植物相を擁することを評価している。1997 年には春日大社，興福寺，東大寺といった古都奈良の寺社群とともに文化的景観をなすことが評価され，世界文化遺産にも登録された (奈良市 1999)。

1960 年代に調査された資料によると，春日山原始林の植物相は種子植物 1,128 種，シダ植物 149 種に及ぶ (小清水・岩田 1971)。古く 1920 年代に春日山原始林の多様性の価値が指摘されているが (吉井 1924, 三好 1926)，近年においても特別天然記念物指定域約 300 ha に生育する胸高直径 80 cm 以上のブナ科常緑広葉樹は 6 種，362 本にのぼる (奈良県 2012, 2013)。相観的にはコジイが多く分布するが，大径木はウラジロガシが多い (図1)。イチイガシは傾斜がゆるやかで，御蓋山に近い地域に分布の中心をもつ。アカガシは，標高の高い東側に多く生育し，林内にはタムシバ，ホオノキ，ウラジロノキ，イヌブナといった温帯性落葉広葉樹が生育する。この森林の骨格を作っているブナ科の大径木とその多様性は，この森林が長い時間をかけて形成されたことを示している。

奈良のシカの地域固有性

大仏殿，興福寺そして春日野一帯でお辞儀をして鹿せんべいをねだるシカは奈良を代表するものとして観光価値が高い。「奈良のシカ」は，「……人の与える餌をもとめる様は，奈良の風光のなごやかな点景をなしている。よく馴致され，都市の近くでもその生態を観察することができる野生生物の群落として類の少ないものである」ことから，1957 年に天然記念物に指定され

ている（奈良県教育委員会1974）。

　奈良公園のシカの遺伝学的解析によると，母系集団は他府県の地域個体群との遺伝的交流程度がほとんどなく，DNAレベルでも「奈良のシカ」は地域固有性を維持している（玉手2005）。

　では，野生のシカと奈良のシカは生態レベルではどのように違うのだろうか。福永・川道（1974）は，人間への慣れ（馴致）が，野生動物とは異なることを指摘した。次に長寿命である。公園ジカの最長寿はメス24歳（平均寿命5.9歳），オス22歳（平均寿命4.0歳）であり，半野生の金華山の最高齢は16歳，北海道の野生ジカ12歳と比べると，約2倍も長い（大泰司1974，1975）。

　奈良公園のシカの個体数は戦前に900頭いたとされる。戦後79頭（1945年）に減少したが，10年後には378頭（1955年）に回復した。川村（1956）は当時，約120頭と推定しており，1945年の79頭から急速に個体数を回復させたと考えられる。その後1965年まで直線的な右肩上がりに増加した後，1975年までほぼ980頭と安定している（朝日1975）。1980年以降，約1,100～1,300頭で推移したが*，これは密度にすると900頭/km^{2}を上回る（立澤・藤田2001）。春日山照葉樹林の個体密度も20～30頭/km^2（鳥居ほか2007）とやはり高密度であり，1970年代に過密度効果によって出産率が低下している（大泰司1975）。森林を維持するうえでも過剰である。密度調節機能が働き，増減を繰り返すなど，慢性的な食料不足にある（立澤2013）。

　1970年代に行われた奈良公園のシカ調査では，公園ジカと山ジカに分けられている。公園ジカの1日は朝の「泊まり場」から奈良公園平坦部への移動に始まり，その後，シバ地の「採食場」，人間との接触がある興福寺や東大寺界隈などの「休み場」を規則的に移動している（福永・川道1974）。山ジカは警戒音を発して逃亡するが，この反応は公園ジカにはない（三浦1975）。ただし，奈良公園平坦域と若草山までのシカの分布は連続的で，山ジカ（春日山原始林，高円山などに生息）と公園ジカとの境界ははっきりしない。

　春日山照葉樹林のシカ個体群は，いわゆる山ジカと考えられる。1970年当時，芳山の5～7年生の若齢林はススキが優占していた。三浦（1975）は，伐採後，ここからシカが集落に流入したのではないかと推察している。これ

＊平成25年7月の財団法人奈良の鹿愛護会資料 http://naradeer.com/aboutnaradeer/index.html，2014年参照（2015年5月19日確認）

は生息地の植生変化がシカの土地利用を変化させた例と考えられる。

　山ジカと公園ジカでは行動圏も生態も異なる。今後，若草山や飛火野などの草地を生息地とする公園ジカが森林に流入することを抑制する広域的対策が必要であろう。公園ジカに比して，山ジカの情報はきわめて少なく，地域管理に向けてさらなる研究が必要とされる。

シカの食性と草地の維持

　1970年代のシカの食性調査によると，公園ジカは興福寺界隈でシバを主食とし，若草山ではススキを主食としている（高槻・朝日 1976, 1977）。現在，奈良公園および春日山原始林でシカの「落ち葉食い」が頻繁に見られるが（口絵1-⑤），1950年代にもシカの「落ち葉食い」は記載されており（川村 1956），当時からシカは食糧不足であったのかもしれないし，暖温帯域のシカはイネ科などの草本類を主食としながら，常緑広葉樹などの落ち葉を食料として組み込んでいたのかもしれない。

　現在，若草山のイトススキ（ススキの葉の細いタイプ）は葉の先端が採食されているが，好んで食べてはいないようである（口絵1-④）。シカはシバや草高が低い草本類の葉と種子を食べることによって種子の発芽率を高め，糞とともに種子を散布しながら，餌場を拡大しており，シバとシカは共生関係にあるとみることができる（高槻 1993）。

　1970年当時，シカが採食しない不嗜好植物として，ナンキンハゼ，ナギ，コガンピ，イズセンリョウなどがあげられている（高槻・朝日，1977）。今も若草山のシバ地にはワラビ，コガンピ，ナンキンハゼなどが，春日山照葉樹林の明るい林縁部にはナチシダが，林床にはイワヒメワラビ（口絵3-④）やコバノイシカグマが不嗜好植物として優占し，ナギ群落やナンキンハゼ群落が形成されている（後述）。

シカの食性と森林利用

　シカの採食に対して，植物は化学的防衛や物理的防衛を獲得している植物がある（高槻 1989）。シカに対する対適応戦略を獲得しているイラクサは，葉が小さく葉1枚当たりの刺毛数が他地域よりも11～223倍多いといった形態的可塑性を示す（Kato *et al.* 2008）。特に葉の表面の刺毛は，被食されると密度が高くなる形質とされる（Pullin and Gilbert 1989）。しかし近年，不嗜

好植物のクリンソウ,イズセンリョウ(口絵2-③),イラクサに対する採食も確認されている(前迫2000, 2013, 鈴木・前迫2013)。個体密度の増加によってシカ側も餌資源を拡大させているのかもしれない。

春日山照葉樹林のギャップに発生した実生のうち,秋から翌春にかけてナンキンハゼは採食率0%であるが,ヤブムラサキ,アカメガシワおよびカラスザンショウなどは採食率40%以上と高い(Shimoda et al. 1994)。植物相の70～80%の樹木に対して樹皮剥ぎが行われていることから(前迫2002, 前迫ほか2006, シカは林床植生および樹皮剥ぎによって餌を獲得していると考えられる。

カメラトラップ(赤外線カメラによる自動撮影装置)を林内10か所に設置し,シカの森林利用を調べると,シイ・カシ林におけるシカの撮影頻度が最も高い(前迫2010a)。不嗜好植物のナギが優占する林床は暗く,草本類はまったく生育していないため,シカの撮影頻度はきわめて低い。

森林群落の組成・構造とシカの影響

春日山照葉樹林は台風などによって倒木が生じ,1年間におよそ55.6 m²/haのギャップ(森林の穴)ができる。その後,更新によって林冠が閉じて,再びギャップが生じるまでの平均回転率は180年とされる(Naka 1982)。森林は台風や積雪などの自然撹乱を受けながら,ゆっくりと動いている。40年間の空中写真を読み取ると,近年,ギャップは拡大する傾向にある(前迫2010b)。

森林にギャップができると,林床が明るくなるため,一般的には多様性が増大する。しかし春日山照葉樹林では採食圧が高いため(Shimoda et al. 1994),照葉樹林の優占種であるブナ科の実生や稚樹などはきわめて少ない。シカが採食しない不嗜好植物だけが増大し,組成は単純化する(前迫, 2010b)。1986年に春日山原始林に設定された環境省の特定植物群落永久区の調査によると,小ギャップが生じた17年後にシカがあまり好まないクロバイが小径木を占め,ブナ科コジイの小径木は減少するなど,森林は不安定な構造に変化している(前迫2004)。

コジイ林の組成は,1960年代の植生資料によると,当時の群落種数が29～40種(菅沼1971)に対して,40年後にはツルリンドウ,チャルメルソウ,ホナガタツナミなどの林床植物が姿を消し,種数は13～31種に減少してい

図2 林床植生が乏しいシイ・カシ実験区
2007年9月の林床。7年経過後の状況は口絵8-②参照。

る(前迫2010b)。このような森林構造と組成の変化はシカの採食や樹皮剥ぎ(口絵2-①)の影響によると考えられる。

シカ柵と木本実生の多様性

春日山照葉樹林におけるシカの影響は大きく,①森林更新の阻害,②種組成および構造の単純化(生物多様性の劣化),③国外外来種ナンキンハゼと国内外来種ナギの拡散(照葉樹林からナギ林およびナンキンハゼ群落への退行遷移および偏向遷移),④土壌流亡(口絵2-⑤)に及んでいる。

2007年秋にシカ柵実験区を設置した。景観上の規制があるため,ネットなどは基準に合わせて選択した。当初,ワイヤー入りネットにしたが,ネットの編み目サイズが7 cm四方と大きかったために,シカの口が入り,ワイヤー入りネットが食べられて中に侵入された。そこで,編み目サイズを3.5 cm四方(ワイヤーなし)にし,下部のスカート部分をしっかり押さえることによってシカの侵入を防いだ。倒木によるネット崩壊なども2～3年に1度はあるので,補修しながら維持している(シカ柵についてはコラム2参照)。

コジイ,ツクバネガシ,イチイガシなどが生育する安定した森林(図2,閉鎖樹冠,開空率5.0%)では,シカ柵設置7年後,乏しい林床植生に顕著な変化はみられないが(口絵8-②),シカ柵内の林床植生ではコジイ,ツクバネガシ,イヌガシ,リンボクなどの高木や亜高木の実生個体が増加した。

2008年秋に発生したコジイとツクバネガシ実生は,シカ柵外ではツクバネガシは1年半後にすべて枯死し,コジイは1個体となった。一方,シカ柵内では徐々に枯死するものの,5年経過後も生存し,生長を続けた(図3)。

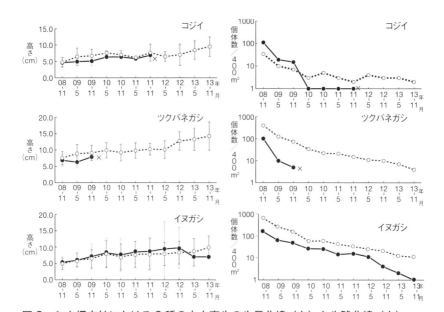

図3 シカ柵内外における3種の木本実生の生長曲線（左）と生残曲線（右）
高さは平均値。縦バーは標準偏差。-○-：シカ柵内，-●-：シカ柵外，×：すべて枯死

不嗜好植物イヌガシは，発生後4年までは柵内外で死亡と生長に差はみられなかったが，その後，柵外で死亡個体が増加し，5年後，1個体となった。

光環境とシカ柵効果——ギャップおよび疎開林冠下の植生変化

2012年に倒木によって生じたギャップに設置したシカ柵内外の変化を紹介する（口絵7-①）。ギャップ実験区（展葉期の4月における開空率は16.0％）のシカ柵内ではウリハダカエデ，カラスザンショウ，アカメガシワといったパイオニア種，イチイガシやウラジロガシなどのブナ科，モミなどの木本実生が発生し，2年後に，林床（高さ0.8m未満）の種数は1.7倍に増加した（図4，5）。オオバチドメ，アオスゲ，オオバイノモトソウなどの植物量（植被率から算出した面積と高さの積）は増加した（図6）。ツボスミレ，キランソウ，ウマノアシガタなどの開花が見られるなど，シカ柵内では顕著な種数変化が生じた（図7）。

適度な光環境と適湿な土壌環境立地に設けたシカ柵では，短期間に植物の反応が見られた。このことは，シカ柵の有効性を示す一方，草本類が生育する立地に対するシカの採食影響がきわめて高いことを意味する。

図 4　シカ柵を設置したギャップの変化
左：2012 年 4 月 30 日（設置時），右：2014 年 5 月 31 日

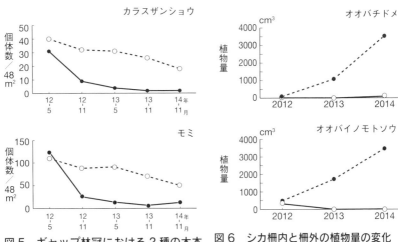

図 5　ギャップ林冠における 2 種の木本実生個体数の変動
-○-：シカ柵内，-●-：シカ柵外

図 6　シカ柵内と柵外の植物量の変化
植物量は高さと面積の積による近似値
-○-：シカ柵内，-●-：シカ柵外

　イチイガシの母樹が生育する閉鎖林冠(8月の開空率1.2％)にシカ柵を設けたところ，ギャップ実験区のような顕著な変化はみられないが，シカ柵内には母樹のイチイガシ実生などが多数発生し，林床の種数と植被率が増加した（図7）。

春日山照葉樹林と若草山に拡散する外来種ナンキンハゼ

　春日山照葉樹林が抱える大きな問題に，シカが採食しないナンキンハゼとナギ2種の外来種が拡散して群落形成していることがある。これら2種の

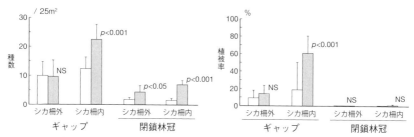

図7　シカ柵内外におけるギャップと閉鎖林冠における林床植生の種数（左）と植被率（右）の変化
NS：有意差なし。□：2012年，▨：2014年

生態的特性はまったく異なるが，それゆえに，広い範囲にいずれかの種が侵入・生育している。

ナンキンハゼが奈良公園に植栽されたのは1930年代のことである。ナンキンハゼは蝋質の白い果実をつける鳥散布型（鳥類により種子散布する植物）の落葉広葉樹で，明るい光条件下で発芽する（口絵3-①）。シカが採食しないため，草地の若草山にも拡散し，景観的にも目立つ。菅沼（1971）は1967年の室戸台風後に侵入したナンキンハゼに対しては林冠が閉鎖するような早期の管理が必要であると指摘している。2004年に春日山照葉樹林の約45 haで分布を調査したところ，ギャップや疎開林冠のような明るい林床下に侵入・定着し，群落を形成していた（Maesako et al. 2007）。春日山照葉樹林のギャップは1961〜2003年までの約40年間に約1.33倍に増大していることから（前迫2010b），ナンキンハゼは今後も拡散を続けるだろう。

一方，若草山草地ではナンキンハゼの地上部を伐採管理しているが，萌芽能力が高いため多数のシュートを伸ばしている。低木層のナンキンハゼを除伐した場合，5年後の生残率は16.9％と高かった。

春日山照葉樹林に常緑針葉樹林を形成する国内外来種ナギ

ナギは800年代に春日大社に献木された国内外来種と考えられるが，御蓋山のナギ群落は1923年に「稀有な森林植物相」に相当することから天然記念物に指定されている（奈良市1984）。幹周1.48 mで年輪341を数えており，幹周3.9 mでは1,000年と推測されている（菅沼1971）。ナギはシイ・カシ類よりも寿命が長い常緑針葉樹である。

表1 ナギとナンキンハゼ（樹高3m以下）切除後の生残率（シュートを伸ばした個体数）

	個体数	1年後の生残率（%）	5年後の生残率（%）
ナギ	157	86.9±16.0	10.6±6.9
ナンキンハゼ	175	89.5±4.6	16.9±16.6

　ナギの種子は直径1cmほどで，重力散布型であるが，春の季節風によって御蓋山のナギの種子が春日山原始林に風散布された可能性が高い（山倉ほか2000）。ナギは耐陰性が強いため，閉鎖林冠でも侵入し，定着する。シカが採食しないために，かつてイチイガシ林が成立していたと考えられる春日山照葉樹林の一部はすでに常緑針葉樹林（ナギ林）に置き換わっている（Maesako et al. 2007, 口絵3-②）。照葉樹林はシカの影響によって不可逆的に変化しているといえるだろう。

シカ柵と外来種（ナギとナンキンハゼ）除去実験

　ナンキンハゼは明るい光環境を好み，ギャップに侵入・定着する。ナギは光環境に関係なく侵入し，いったん定着すると，暗い樹冠を形成するため，きわめて多様性の低い純群落となる。シカが採食しない2種の外来種は照葉樹林に確実に広がっている。そこで，外来種を除伐し，シカを排除することによって森林はどのように変化するのかを検証した。

　シカ柵を設置したのは2007年秋であり，まだ7年しか経過していない。シカ柵の有無，外来種除去の有無を組み合わせて，4パターンを調べた。ただし，高木層のナギの除伐は森林構造に大きな影響があるだけでなく，土壌侵食を招く可能性があるため，低木層以下の樹木に限定した。除伐後も再生株（シュート）は毎秋伐ったが，5年後の外来種のシュートの生残率は10%以上と高かった（表1）。

　ナンキンハゼ実験区（3区）のうち，適湿立地の調査区ではギンレイカ，イナモリソウ，ジュウニヒトエ，ツルニガクサといった林床植物の増加と開花が確認された。急傾斜で乾燥立地の調査区ではシカ柵内外において土壌侵食が激しく，草本類の新たな定着や開花はみられなかった。木本類ではウリハダカエデが多く発生し，シカ柵内では4年後に生残率は18%，シカ柵外では10%以下と生残率の違いが見られた（図8）。

　ナギ実験区（3区）では7年間に新たな草本類の加入はなかったが，カギカ

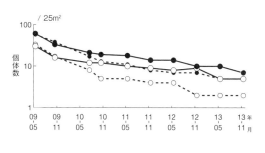
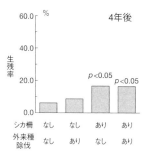

図8　ナンキンハゼ実験区におけるナンキンハゼの除去とウリハダカエデに対するシカ柵の効果
上：2009年5月に発生した実生個体群の個体数変化
　━●━：シカ柵あり・外来種除伐あり　　━○━：シカ柵あり・外来種除伐なし
　--●--：シカ柵なし・外来種除伐あり　　--○--：シカ柵なし・外来種除伐なし
右：ウリハダカエデの生残率

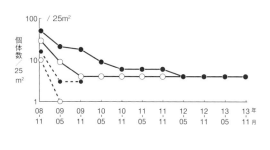
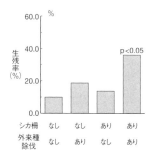

図9　ナギ実験区における外来種ナギの除去とコジイに対するシカ柵の効果
上：2008年11月に確認したコジイ実生個体群の個体数変化
　━●━：シカ柵あり・外来種除伐あり　　━○━：シカ柵あり・外来種除伐なし
　--●--：シカ柵なし・外来種除伐あり　　--○--：シカ柵なし・外来種除伐なし
　×：すべて枯死
右：コジイの生残率

ズラ，ヒサカキ，コジイ，シキミなどの木本実生の発生は確認されている。コジイやツクバネガシの生残率はシカ柵内で高かった(Maesako at al. 2010)。シカ柵内でナギを除去した場合に，コジイの1年後の生残率は38％と最も高く，ナギの除伐とシカの排除が効果的であった(除去しない場合には13％, 図9)。

　これらの実験から，シカ柵を設置したうえで常緑針葉樹のナギを除伐することはブナ科樹木の初期更新には有効と考えられた。森林の下層に生育するナギを除伐することは，実生の生残率を高める以外に，将来的に寿命の長い

ナギ林に置き換わることを阻止するというメリットがある。

一方，高木のナギを大面積にわたって一度に伐採することは照葉樹林を攪乱することにつながるおそれがあり，今後高木伐採の科学的検証を行う必要がある。外来種が侵入した照葉樹林再生のためには，シカ柵を設けて下層のナギを除伐しながら，ブナ科実生の定着を促すような順応的管理が望ましい。

照葉樹林とシカが共存することは可能か

世界遺産であり，特別天然記念物でもある春日山原始林は，シカの餌場でもある若草山の草地と二次林と都市に囲まれたわずか300 haほどの孤立的な照葉樹林である。一方，奈良のシカは万葉の時代から春日野一帯に生息してきた文化的シンボルでもある。1,000年以上にわたって成立している天然記念物ナギ林の文化的価値，奈良公園一帯に植栽されたナンキンハゼ，奈良のシカのいずれもが，地域にとって重要な役割を担っているが，それらは春日山原始林の森林生態系に複合的に関係し，照葉樹林の未来を危ういものにしている。なかでも過剰なシカが照葉樹林に与える影響の大きさは，シカ柵実験区によって，より明確になりつつある。

2013年春に懸案の奈良県春日山原始林検討委員会が立ち上がった。まだ緒についたばかりで，シカと森林を別のテーブルで議論しているというやむを得ない事情はあるものの，行政が春日山原始林の保全にとり組もうとする姿勢と覚悟は評価したい。

春日山原始林の保全に向けて，シカの個体数を駆除によってただちに減少させるのは現実的ではないだろう。また，春日山照葉樹林に拡散しているナンキンハゼやナギをすべて伐採することも現実的には困難である。そこで，春日山原始林へのシカの侵入を抑制しながら，照葉樹林を構成しているブナ科樹木の更新と多様性をシカ柵で確保できれば，崩壊の危機は回避することができるかもしれない。コジイ，ツクバネガシ，アカガシが林冠を形成すれば，光要求度が高い先駆種ナンキンハゼの問題は時間とともに解決するだろう。

シカを局所的に排除するシカ柵を最適な立地に設置することによって，植物の種が増加し，草本類の植物量が増加するような変化がみられた。このことは，シカ柵がブナ科樹木や草本類のレフュージアとして機能し，シカの採食を回避することによってその立地に適した植物が回復することを意味す

る。

　ただし，シカ柵内での植物の再生は照葉樹林全体のごくわずかにすぎない。シカに対する植物の適応戦略（高槻 1989, Kato et al. 2008, Suzuki et al. 2009, Takatsuki 2009, 鈴木・前迫 2013）もみられるが，すべての植物が環境に対して植物の形質を変化させる可塑性を発揮しているわけではない。では，春日山原始林すべてをシカ柵で囲むことは可能だろうか。あるいは，森林全体をネットで囲むことが森林生態系の機能を確保し，シカや小動物の生息地でもある春日山原始林の生態系を未来に引き継ぐことになるのだろうか。

　渡邊（2005）は春日山原始林に近い農地のシカ柵設置の現状から，シカ柵には限界と致命的な問題点があり，シカ柵の設置はシカの捕獲による個体数の減少とセットにしなければ意味がないとしている。春日山原始林などを生息地とする山ジカの個体数は 1970 年当時，それほど多くなかったという報告（三浦 1975）やシカの日周行動などを考え合わせると，春日山原始林に流入するシカの個体数を抑制する地域管理をしながら，シカ柵を設置することにより森林回復をはかることが望まれる。

　森林生態系は自然攪乱によってゆっくりと動きながら，植物と動物の相互作用によって多様な生物相を育くんでいる。そうした意味において，限られた面積を囲むシカ柵だけで森林の再生をはかるのは自ずと限界があることを理解しておく必要がある。

　長期的にシカの採食圧を受けている春日山照葉樹林が，崩壊一歩手前で踏みとどまっているのは，豊富な水系を含む多様な立地と植物の多様性，そしてそれらを支える温暖な気候条件によると考えられる。春日山照葉樹林の 180 年という平均回転率（Naka 1982）を考えると，シカ柵設置の検証時間は短期間であり，また検証面積も十分とはいえない。しかしシカ柵は，森林更新のレフュージアとして，あるいは林床植生の多様性回復の局所的な立地として有効と考えられた。

　ブナ科の母樹が生育しているため，照葉樹林はまだ健在であるかにみえるが，林床植物も稚樹も生育せず，土壌侵食が進行する現状において，次世代の照葉樹林はきわめて危うい。

　長年，人間とかかわりながら馴致された文化的シンボルのシカと 1000 年以上の時間をかけて育まれた照葉樹林との共存を実現させるためには，できるだけ広域にわたって多様な立地環境を反映するシカ柵を設置し，順応的な

森林管理をしながら，森林に流入するシカを抑制する地域管理の両輪が必要であろう。

引用文献

朝日 稔 (1975) 奈良公園のシカの個体数に対する人口学的検討. 天然記念物「奈良のシカ」昭和 50 年度調査報告, 15-23

福永 洋, 川道 武男 (1974) 奈良シカの行動 I 土地利用と日周活動. 天然記念物「奈良のシカ」昭和 49 年度調査報告, 3-13

環境庁自然保護局 (1996) 自然環境保全調査報告書. 基礎調査 奈良県. 環境庁, 東京

Kato T, Ishida K, Sato H. (2008) The evolution of nettle resistance to heavy deer browsing. Ecologicla Research, 23:339-345

川村 俊三 (1956) 奈良公園のシカ (日本動物記 4). 光文社, 東京

小清水 卓二, 岩田 重夫 (1971) 春日山の植物目録. 奈良市 (編) 奈良市史「自然編」, 147-172

前迫 ゆり (2000) 奈良公園および春日山原始林におけるシカの採食に対する変化. 奈良植物研究, 23:21-25

前迫 ゆり (2002) 保護獣ニホンジカと世界遺産春日山原始林の共存を探る. 植生学会誌, 19:61-67

前迫 ゆり (2004) 春日山原始林の特定植物群落（コジイ林）における 17 年間の群落構造. 奈良佐保短期大学研究紀要, 11:37-43

前迫 ゆり (2006) 春日山原始林―地域固有の生態系を未来に残す―. 湯本 貴和, 松田 裕之 (編) 世界遺産をシカが喰う シカと森の生態学, 147-165. 文一総合出版, 東京

前迫 ゆり (2009) 森とシカの生態学的問題をめぐって. 関西自然保護機構, 31:39-48

前迫 ゆり (2010a) カメラトラップ法による春日山照葉樹林の哺乳類と鳥類. 大阪産業大学人間環境論集, 9:79-96

前迫 ゆり (2010b) 世界遺産春日山照葉樹林のギャップ動態と種組成. 社叢学研究（社叢学会）, 8:60-70

前迫 ゆり (編) (2013) 世界遺産春日山原始林―照葉樹林とシカをめぐる生態と文化. ナカニシヤ出版, 京都

Maesako Y, Nanami S, Kanzaki M. (2007) Spatial distribution of two invasive alien species, *Podocarpus nagi* and *Sapium sebiferum*, spreading in a warm-temperate evergreen forest of the Kasugayama Forest Reserve, Japan. Vegetation Science, 24:103-112

Maesako Y, Nanami S, Kanzaki M. (2010) Relationship between biodiversity of lucidophyllus forest and alien tree species enlarged by sika deer in western Japan. International Symposium on biodiversity Sciences "Genome, Evolution and Environmet" ISBDS2010 (Abstracts), 127-128

前迫 ゆり, 和田 恵次, 松村 みちる (2006) 奈良公園におけるニホンジカの樹皮剥ぎ. 植生学会誌, 23:69-78

三浦 慎悟 (1975) 奈良シカ個体群の空間的分布構造について. 天然記念物「奈良のシカ」昭和 50 年度調査報告, 47-61

三好 学 (1926) 天然記念物解説, 215-216. 富山房, 東京
Naka K. (1982) Community dynamics of evergreen broad-leaf forests in southwestern Japan I. Wind damaged trees and canopy gaps in an evergreen oak forest. Botanical Magazine, Tokyo, 97:61-79
奈良県奈良公園管理事務所 (2012) 春日山原始林の大径木. 奈良県 (編) 平成 23 年度 奈良公園植栽管理計画調査業務報告書, 53-94
奈良県奈良公園管理事務所 (2013) 平成 24 年度 奈良公園施設魅力向上事業（春日山原始林保全計画策定業務）報告書. 奈良県.
奈良県教育委員会 (1974) 奈良県史跡名勝天然記念物集録Ⅱ. pp.77. 奈良県教育委員会, 奈良
奈良市 (編) 鈴木 嘉吉, 田中 琢, 西川 杏太郎 (監修) (1999) 古都奈良の世界遺産. 奈良市
大泰司 紀之 (1974) 奈良公園のシカの生命表（予報）. 天然記念物「奈良のシカ」昭和 49 年度調査報告, 25-35
大泰司 紀之 (1975) 奈良公園のシカの生命表とその特異性. 天然記念物「奈良のシカ」昭和 50 年度調査報告, 83-96
Pullin AS, Gilbert JE (1989) The stinging nettle, *Urtica dioica*, increases trichome density after herbivore and mechanical damage, Oikos 54:275-280
Shimoda K, Kimura K, Kanzaki M, Yoda K.(1994) The regeneration of pioneer of Sika deer in an evergreen oak forest. Ecological Research, 9:85-92
菅沼 孝之 (1971) 特別天然記念物春日山原始林の植生. 奈良市史編集審議会 (編集) 奈良市史自然編, 109-137. 奈良市
Suzuki R, Kato T, Maesako Y, Furukawa A (2009) Morphological and population responces to deer grazing for herbaceous species in Nara Park, Western Japan. Plant Species Biology,24: 145-155
鈴木 亮, 前迫 ゆり (2013) 春日山原始林に生きる林床植物の適応戦略—大仏の足下で小さくなる植物たち. 前迫 ゆり (編) 世界遺産春日山原始林—照葉樹林とシカをめぐる生態と文化, 150-161. ナカニシヤ出版, 京都
玉手 英利 (2005) ニホンジカの保護管理における遺伝的調査の意義. 天然記念物「奈良のシカ」総合調査報告書, 54-60. 奈良市教育委員会, 奈良
高槻 成紀, 朝日 稔 (1976) 糞分析による奈良公園のシカの食性（Ⅰ）予報. 天然記念物「奈良のシカ」昭和 51 年度調査報告, 129-141
高槻 成紀, 朝日 稔 (1977) 糞分析による奈良公園のシカの食性（Ⅱ）季節変化と特異性. 天然記念物「奈良のシカ」昭和 52 年度調査報告, 25-35
高槻 成紀 (1989) 植物および群落に及ぼすシカの影響. 日本生態学会誌, 39:67-80
高槻 成紀 (1993) 有蹄類の食性と植物による採食適応. 鷲谷 いづみ・大串 隆之 (編) 動物と植物の利用しあう関係, 104-128. 平凡社, 東京
Takatsuki S. (2009) Effects of sika deer on vegetation in Japan: A review. Biological conservation, 142:1922-1929
立澤 史郎 (2013)「奈良のシカ」の生態と管理－野生と"馴致"は両立するか. 前迫ゆり (編著) 世界遺産春日山原始林－照葉樹林とシカをめぐる生態と文化－, 194-210. ナカニシヤ出版, 京都

立澤 史郎, 藤田 和 (2001) シカはどうしてここにいる？ －市民調査を通してみた「奈良のシカ」保全状の課題－. 関西自然保護機構会誌, 23:127-140

鳥居 春己, 高野 彩子, 景山 真穂子, 原沢 牧子 (2007) 奈良公園春日山原始林におけるニホンジカ密度推定の試み. 関西自然保護機構会誌, 28:193-200

渡邊 伸一 (2005)「奈良のシカ」における鹿害防止対策の理念と現状. 天然記念物「奈良のシカ」総合調査報告書. 61-71. 奈良市教育委員会. 山倉 拓夫, 川崎 稔子, 藤井 範次, 水野 貴司, 平山 大輔, 野口 英之, 名波 哲, 伊東 明, 下田 勝久, 神崎 護 (2001) 春日山照葉樹林の未来. 関西自然保護機構会誌, 23:157-167.

山倉 拓夫 (2013) 春日山照葉樹林の行く末を危惧する.「世界遺産春日山原始林－照葉樹林とシカをめぐる生態と文化」(前迫 ゆり 編). 150-161. ナカニシヤ出版, 京都. 173-191.

山倉 拓夫, 大前 義男, 名波 哲, 伊東 明, 神崎 護 (2000) 御蓋山ナギの分布拡大 1. 諸説概観. 関西自然保護機構会誌, 22:173-184

吉井 義次 (1924) 奈良縣春日山原生林調査報告. 190-194. 内務省.

2.1.5 シカによって衰退した森林の
集水域単位での回復に挑む
——芦生研究林での事例

高柳 敦

豊かな森から下層植生の衰退した森林へ

　本節では，滋賀県と福井県に接する京都府北東部に位置する京都大学芦生研究林の上流部にある上谷での事例を紹介する（図1）。芦生研究林は大学の所有地ではなく，1921年に京都帝国大学が土地所有者である旧知井村と地上権設定の契約を結んで京都大学芦生演習林として開設された。2003年に京都大学フィールド科学教育研究センターが設立されると，森林ステーション芦生研究林と名称を改めて現在に至っている（京都大学フィールド科学教育研究センター森林ステーション芦生研究林 2003）。

　芦生研究林は面積約4200 haで標高355～959 mに位置し，年平均気温は上谷の気象ステーション（標高640 m）で約10℃，年降水量は2,500 mm前後である。積雪は12月中頃ころから見られ，翌年4月末頃まで残っている。最大積雪深は上谷で2 mを超え，4月初めでも1 m近い積雪が残っている。

　芦生は，標高1,000 m以下にあって，まとまった面積で原生的な自然が残されている貴重な森林である（藤木・高柳 2008）。中井猛之進が「植物ヲ学ブモノハ一度ハ京大ノ芦生演習林ヲ見ルベシ」と紹介した（中井 1941）ことは有名な話（渡辺 1970, 2008）であるが，ニッコウキスゲのように植物地理学からみて重要な分布地点である植物やサルメンエビネやスギランなどの多くの希少植物が記録されている（Yasuda and Nagamasu 1995）。芦生研究林には126科801種の植物が記録されており，芦生が極めて豊かな森林であったことがうかがえる。

　その芦生で1990年代よりシカの採食が主な原因と考えられる植生の衰退が起きている。例えば，上谷付近では林床に普通に見られたハイイヌガヤが，崖などシカが食べることができない場所を除いてほとんど消失してしまっ

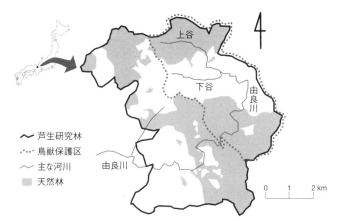

図1　芦生研究林（京都大学フィールド科学教育研究センター森林ステーション芦生研究林 2003 より改変）

た。1984年に上谷で行われた調査では，50 m×50 mの区画87地点でハイイヌガヤが見られない区画は1つもなく，約4分の1の区画で林床の1割以上の被度を示していたが，2004年に同じ区画を調査したところ，約4分の3の区画で消失し，残りの区画でも被度は1%未満に過ぎなくなっていたことが報告されている（福田・高柳 2008）。

　上谷付近の標高600 m以上にはブナとスギが優占する冷温帯林が広がっており，その林床は日本海側要素であるチマキザサとチシマザサに広く覆われていた。そのササでもハイイヌガヤと同じような現象が観察された。2002年に上谷で50 m×50 m区画535地点で目視による調査を行ったところ，約2割の区画で枯死稈のみが観察され，約半数の区画で残存しているササの半数以上が枯死していた（田中ほか 2008, 図2）。それでもその時点では約3割以上の区画でササの被度が50%を超えていた。しかし，その後，残っていたササもすべて消失し，現在では枯死稈も見ることはできない。このように林床に優占していたササが消失してしまい，残された低木類も多くが採食によって失われ，今では下層植生がほとんど見られない林床が広がっている（図3）。

　そのような裸地化した場所で林道沿いのような明るい場所では，不嗜好植物であるオオバアサガラが盛んに更新している。林床植生でも不嗜好植物が分布域を拡大しており，明るい場所ではイワヒメワラビが，やや暗い場所ではコバノイシカグマが群落を形成している。高木樹種ではテツカエデが旺盛

図2 シカの採食により衰退したチマキザサ（2002年9月）
このように稈だけが残り，わずかに矮小化した葉が着いている状態から，一斉開花ではなくシカの採食による衰退と判断できる。

図3 芦生研究林 上谷の林床（2013年5月）
下層植生はほとんど残っておらず，根もむき出しになりつつある。

に更新しているが，それ以外では 50 cm を超える実生を探し出すのは困難である。

シカによる樹皮剥ぎも頻繁に見られ，リョウブ，ノリウツギ，ミズキは樹皮剥ぎにより多くの個体が消失し，ノリウツギとミズキは樹皮を食べにくい場所以外ではほとんど見られなくなっている。これらの樹種が減った後には，ハウチワカエデも胸高直径 10 cm 程度より小さい個体が樹皮剥ぎを繰り返し受けて枯死して減少している。

植物だけでなく，他の生物にも大きな影響を与えており，1980 年代には上谷で豊富に見られたマルハナバチ類やアシウアザミを食草とするヤマトアザミテントウが，2003 年にはほとんど見られなくなっていた（Kato and Okuyama 2004）。土壌動物について 1970 年代に行われたのと同様の調査を 2006，2007 年に調査した結果，腐植食者であるミミズ類やワラジムシやダンゴムシなどの等脚類，捕食者であるムカデの仲間やクモ類も減少した

(Saitoh *et al.* 2008)。

　芦生は伊吹・比良山地カモシカ保護地域に含まれており，カモシカの調査として区画法[*1]が行われてきている。過去3回の調査ではシカについても記録されており，それぞれ推定最大生息密度を見ると1992，1993年の調査で1.2頭/km^2，2000，2001年には4.5頭/km^2，2008・09年には8.7頭/km^{2}となっている（岐阜県教育委員会 2010）。2001年以降，我々も上谷で独自に区画法を行っているが，その結果では2006年以降では，2010年に最大生息密度で13.8頭/km^{2}を記録した以外は，毎年6頭/km^{2}未満となっている（高柳ほか 未発表）。区画法の実施する季節が落葉期以降となるため，夏季にはもっと密度が高いと考えられるが，それでも足跡や糞などの痕跡もそれほど多くなく，大台ヶ原で報告されているような数十頭というレベルよりは低い。

　上谷は多雪地であり，冬季には雪の少ない場所へ移動するシカが多いと考えられる。一方，上谷を流れる由良川は，厳冬期でも雪に閉ざされることはなく，毎年2月に行う調査で，シカが川を使って厳冬期にも生息していることを確認している。このように冬季にも生息できることが常緑のハイイヌガヤやササの衰退を早めたのかもしれない。

芦生生物相保全プロジェクトと大規模シカ柵

　森林植生の衰退速度が非常に速く，かつ広範囲に及んでいたため，何も手を打つことができずにいた。その状況を知った当時の京都大学農学研究科昆虫生態学研究室の藤崎憲治教授が，シカの採食によって研究サイトとしての芦生の価値を損なってしまうことを研究者として見過ごすことはできないとして，藤崎教授が代表を務めていた21世紀COEプログラム[*2]「昆虫科学が拓く未来型食料環境学の創生」で，昆虫の生息場所としても重要な下層植生を回復させるための活動を支援することを決定した。それを受けて2006年に芦生生物相保全プロジェクト（以下，ABCプロジェクトとする）が立ち上げられ，芦生研究林と協力しながら，シカが生態系に及ぼす影響に関す

---

*1　区画法：1 km^{2}程度の範囲を5〜10 haの複数の区画に分け，各区画に1，2名の調査員を配置して一斉に踏査し，目撃したシカの個体数から密度を推定する調査方法。

*2　21世紀COEプログラム：2002〜2008年度に行われた文部科学省の研究拠点形成等補助事業。

図4　林内で雪に埋もれたシカ柵の支柱（2012年2月）
支柱の高さは約2.4 mである。冬期なのでネットは下ろされている。

る研究が進められている。

　その主たる試験地は，小さい集水域（谷）全域をシカ柵で囲んでシカを排除する試験区である。限られた予算でどのようにして最大の効果を上げるかを考えたときに思いついたのが集水域全体をシカ柵で囲むことであった。シカ柵に関する経験から，尾根上では柵が破損しにくいことがわかっていたので，大規模シカ柵を設置するなら尾根をぐるりと囲むことが最も壊れにくいと考えられた。同時にそれは集水域単位でシカの影響を評価できる新たな試みにも繋がると考えた。

　問題は柵の構造であった。本節で紹介するシカ柵は他とはかなり異なるので，その構造などについて述べておきたい。当時，シカ柵の主流は金属柵か，化学繊維にステンレスを編み込んだ目合いが10 cm以上の大きな目のネットを用いた柵であった。しかし，金属柵は資材の運搬が困難であること，一般的な化学繊維ネットは，シカが角だけでなく，首や足を絡ませて死亡することがしばしば発生しており，カモシカも生息している芦生では採用するわけにはいかなかった。

　たまたまABCプロジェクトが立ち上がる数年前から，芦生で化学繊維ネットを用いた小型のシカ柵による試験を実施していた。用いていたのは目合いが3 cm程度の小さな目のネットで，目合いが小さければステンレスを編み込まなくても噛み切られず，シカが引っかかったりしないことがわかっていた。しかし，目合いが小さいほどコストが高くなる。以前に7 cm目のネットで噛み切り痕跡を見たことがあったので，それよりも小さな目ということで5 cm目にした。そして，飛び込みを防ぐために高さを2 mとし，下からの侵入を防ぐために地面を30 cmほど覆えるように幅2.3 mのネットを

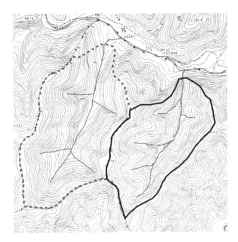

□ 集水域防護区（シカ排除区）
□ 対照区
～ 河川

図5　集水域防護区（U谷）
集水域防護区（約13 ha）は2006年より5～11月のみシカ柵でシカを排除している。対照区（約19 ha）はシカが自由に出入り可能である。

特注で作成した。また，上谷では林内でも積雪が2 mを超えることがある（図4）ため，冬季にはネットを下ろして支柱だけにすることで，破損しにくいように考えた。

　できるだけ道路から近くて谷の出口が小さい集水域である条件を満たすU谷に大規模シカ柵を設置することにした（図5）。U谷の流域面積は約13 haで，林相はブナとスギが優占する天然林である。谷の出口は幅10 m程度で川幅は5 mに満たない。川の上はワイヤメッシュを高さ50 cm程度の所に水平に設置することで，流れ出るものをできるだけ止めることなく，かつシカの侵入を防止できるようにした（図6）。U谷に隣接して，流域面積がやや大きいが同じような谷（K谷：約19 ha）を対照区とした（図5）。

　U谷に大規模シカ柵が完成したのは2006年6月である。それから毎年，12月初旬にネットを下げ，4月下旬に雪が融けて車で入れるようになるとネットを上げることを繰り返してきた。ネットを下げるのは3人で半日もあれば終わるが，ネットを上げる方は，中のシカを追い出さなければならないので，30人で1日がかりの仕事となる。

　U谷の柵には，2013年までに2回シカの侵入があった。いずれもネットの下部が破られて侵入されていた。他にも立木を支柱にすることの問題など，当初の設計で問題となったいくつかの点を修正すれば，U谷に用いた柵は森林で効果的なシカ柵であると判断し，その要点を11項目にまとめた。これを森林で効果的なシカ柵の満たすべき要件とし，AF規格として提案してい

図6 谷の出口の渓流部の侵入防止処理（2011年5月）
ワイヤーメッシュ（1 m×2 m，線径2.6 mm，100 mm 目）を6枚をパイプの上に並べてある。

図7 AF規格のシカ柵（2011年6月）
高さ2 mで柵の外側の地面の幅30 cmをネットで覆っている。ネット下部1 m部分にステンレス線を編み込んである。

る（高柳2012, 図7）。

集水域防護による保全効果

このU谷のように集水域全域からシカを排除することを「集水域防護」と呼ぶことにする。

集水域防護区と対照区の沢部と尾根部に設けた40 m×20 mのプロットでの調査から，木本植物の変化を見ると，対照区では，種数，個体数とも減少したが，集水域防護区内では，いずれも増加した。特に沢部での違いは顕著であり，集水域防護区では，2006年に13種82個体だったのが，2011年には38種1,800個体にまで増加した。特に，ヤマアジサイが1個体から740個体に増加した他，サワグルミやナガバノモミジイチゴは2006年に確認できなかったのが300個体以上になった。それに対し，対照区では，2006年に16種101個体だったのが，2011年には10種47個体に減少した。タン

ナサワフタギが大幅に個体数を減らしたが，これは集水域防護区でも同様で，シカの影響だけとは断定できない。ナツツバキやアオハダなどが消失したが，これらの種は 2006 年の時点で個体数が 1～数個体と極めて少なかった（阪口ほか 2012）。

　集水域防護区と対照区には総延長約 3.4 km の幅 4 m の固定ベルトトランセクトが 2006 年に設置され，2006 年と 2010 年に調査が行われている。その結果，2 回の調査で 289 種の維管束植物が記録されたが，その 3 分の 1 にあたる 98 種が出現頻度 1％未満の低頻度種であった。出現種数は，集水域防護区では 228 種から 241 種に増加したのに対し，対照区では 206 種から 195 種に減少した。出現頻度の変化を見ると，集水域防護区では全体に出現頻度が増大したが，対照区では出現頻度の低い種ではさらに出現頻度が低下していた（阪口 2012）。これらの出現頻度の低い種は個別の小さな柵で保護することは困難であり，集水域防護によって広い範囲でシカを排除したことにより保全が進んだ。

　一方，嗜好性の高い常緑植物では保護の効果は限定的であり，集水域防護効果があったのは，ソヨゴとチシマザサのみであり，ヒサカキとナツエビネは，むしろ柵内で減少した（阪口 2012）。これはネットを下ろしている初冬と早春におけるシカの採食の影響が大きいと考えられる。

　このような植生の変化は，水質にも変化をもたらしている。谷の出口で水質を測定したところ，集水域防護区では硝酸態窒素濃度が 2007 年以降減少し，2011 年には 2006 年の 5 割程度にまで減少した（福島ほか 2013）。それに対し対照区では若干の減少傾向は見られたものの大きな変化は見られなかった。硝酸態窒素が植物の成長期に休眠期よりも減少したことから，下層植生が回復したことにより生長期に多くの硝酸態窒素が植物に吸収されたと考えられる。森林では植物量のほとんどが上層木であるため，下層植生が水質に及ぼす影響は小さいと考えられがちだが，今回の結果は下層植生も重要な機能を果たしていることを示している。

　水生昆虫へも影響を及ぼしており，対照区では裸地化が進むことにより，土砂流入が進むことにより流れの弱い小さい谷では土砂が川底に滞積し，細粒土砂を好む掘潜型の底生動物が増加し固着型の種が減少して，生物多様性が減少するが，集水域防護区ではそのようなことは起こらなかった（境 2013）。このように河川への土壌の流入は，河川生態系外からの栄養分の増

大をもたらし，それが河川生態系を変化させるおそれも懸念される。

集水域防護では劇的な保護効果があったので，地域住民からは昔の芦生のようだという声が聞かれたり，芦生の保全に関心の高い人々からは，保全に取り組むモチベーションが高くなったという話が出たりする。保全への気持ちを奮い立たせてくれるという効果も生んでいる。

鳥獣保護区と有害鳥獣対策協議会

大規模シカ柵と言っても囲むことができる範囲は限られているから，森の本格的な回復のためにはシカの捕獲が欠かせない。そこで，現在の芦生における捕獲体制について説明する。

芦生研究林の上谷から本流沿いの地域は，1998年に鳥獣保護区に指定され，10年後の2008年に鳥獣保護区（図1）の更新を迎えた。里ではクマ，シカ，サル，イノシシといった野生動物による被害が強くなっていたので，地域から保護区の更新を認めないという意見が大半であった。しかし，芦生は野生動物たちの生息地として保全すべきであること，ハンターが管理できない形で入ってくれば研究利用にも大きな支障をもたらすおそれがあることから，鳥獣保護区であることが芦生研究林には相応しいと考えられた。問題は，芦生の植生を後退させているシカの個体数を減らすことであったので，シカの捕獲を中心課題とした協議会を，地元関係者，南丹市，京都府，そして京都大学を構成員として設置したうえで，鳥獣保護区を更新することで関係者の合意が得られた。

こうしてできた芦生地域有害鳥獣対策協議会では，年2回の会合を開いて安全で効率的なシカの捕獲を進めてきた。最初は檻による捕獲ならびに積雪初期と融雪期の巻狩のみであったが，後に早朝に林道を車で巡回して捕獲する方法を追加した。2013年からは，シカが新緑を求めて発見しやすくなる6月にも実施し，捕獲効率が格段に良くなった。この時期には観光客も増えるため，観光客や研究者に影響しないように8時半までに捕獲作業を終えなければならず，ハンターは朝3時から準備をしている。こうまでして個体数の少ない芦生の奥に入って捕獲しているのは，少しでもシカの影響を小さくしたいというハンターの気持ちなくしては考えられない。その志の高さに敬意を表したい。

協議会では，シカの捕獲に限らず芦生の自然の様々な問題が話し合われて

おり，地域と行政と大学を結ぶ情報共有の場として保全活動の基礎を形成している。

大規模シカ柵の課題と芦生の今後

　集水域防護のような大規模シカ柵の課題として，まず挙げなければならないのは設置コストである。AF規格のシカ柵は，資材費だけでも1m当たり3,000円を超えており，労務費を含めれば5,000円近くになる（高柳 2013）。集水域防護では資材運搬の問題もある。周囲の尾根全域に資材を運ばなければならないが，造林地に通じている道路は1か所であることが多いので，そこからすべての資材を人力で運ばなければならない。普通であれば資材運搬のためのモノレールを設置する必要があるだろうから，設置コストはさらに跳ね上がる。U谷のシカ柵は，予算の関係から学生および研究林職員のボランティアによって設置された。

　もう1つの課題は維持管理である。シカ柵は維持管理なくして効果を発揮することはできない。AF規格の柵であれば構造的に侵入されにくいので，春先に枯死木などを確認してネットを上げる前に撤去しておけば，月1回の定期点検は省略できるかもしれない。しかし，台風や大雨の直後の点検・補修は必須である。補修にかかる資材費は極めて小さく，U谷の場合，年間で1万円にもならないので，大切なのは点検・補修できる人材を確保することである。

　芦生の柵は設置から9年が過ぎたが，ネットの劣化は全く見られていない。しかし，周りで植生が全く回復していないことを考えると，まだ何十年か植生を守り続けなければならない。一度に更新すると設置並のコストがかかるので，毎年予算を確保して少しずつ更新する方が現実的であろう。

　芦生研究林で植生衰退が起きている広大な面積に比べると，大規模シカ柵で守れる面積は極めて小さい。しかし，ハンターが多大な労力を払って捕獲を進めても植生が回復する傾向が見られない状況にあって，集水域防護で守られたU谷は，健全な生態系の指標として，そして種子源として重要な役割を果たしている。

引用文献

藤木 大介, 高柳 敦 (2008) 京都大学芦生研究林においてニホンジカ (Cervus nippon) が森林生態系に及ぼしている影響の研究—その成果と課題について—. 森林研究, 77:95-108

福田 淳子, 高柳 敦 (2008) 京都府の多雪地におけるニホンジカ Cervus Nippon Temminck によるハイイヌガヤ Cephalotaxus harringtonia var. nana の採食に見られる積雪の影響. 森林研究, 77:5-11

福島 慶太郎, 阪口 翔太, 井上 みずき, 藤木 大介, 徳地 直子, 西岡 裕平, 長谷川 敦史, 藤井 弘明, 山﨑 理正, 高柳 敦 (2013) シカによる下層植生の過採食が森林の土壌窒素動態に与える影響. 緑化工学会誌, 39(3):360-367

岐阜県教育委員会 (編) (2010) 伊吹・比良山地カモシカ保護地域特別調査報告書 平成20・21年度.

Kato M, Okuyama Y (2004) Changes in the biodiversity of a deciduous forest ecosystem caused by an increase in the Sika deer population at Ashu, Japan. Contributions from the Biological Laboratory, Kyoto University, 29:437-448

京都大学フィールド科学教育研究センター森林ステーション芦生研究林 (2003) 京都大学フィールド科学教育研究センター森林ステーション芦生研究林

中井 猛之進 (1941) 植物ヲ学ブモノハ一度ハ京大ノ芦生演習林ヲ見ルベシ. 植物研究雑誌, 17:273-283

Saitoh S, Mizuta H, Hishi T, Tsukamoto J, Kaneko N, Takeda H (2008) Impacts of deer overabundance on soil macro-invertebrates in a cool temperate forest in Japan: a long-term study. Forest Study, 77:63-55

阪口 翔太 (2012) 大規模防鹿柵を用いた森林生態系機能復元技術の実証. 平成23年度森林環境保全総合対策事業—森林被害対策事業— 野生鳥獣による森林生態系への被害対策技術開発事業報告書. 93-101

阪口 翔太, 藤木 大介, 井上 みずき, 山﨑 理正, 福島 慶太郎, 高柳 敦 (2012) ニホンジカが多雪地域の樹木個体群の更新過程・種多様性に及ぼす影響. 森林研究, 78:57-69

境 優 (2013) シカの過採食による森林と渓流生態系の相互作用の変化. 緑化工学会誌, 39(2):248-255

高柳 敦 (2012) 生態系の保全・回復のための防鹿柵の効果的運用. 平成23年度森林環境保全総合対策事業—森林被害対策事業— 野生鳥獣による森林生態系への被害対策技術開発事業報告書. 41-50

高柳 敦 (2013) 生態系の保全・回復のための防鹿柵のコスト. 平成24年度森林環境保全総合対策事業—森林被害対策事業— 野生鳥獣による森林生態系への被害対策技術開発事業報告書. 102-111

田中 由紀, 高槻 成紀, 高柳 敦 (2008) 芦生研究林における (Cervus nippon) の採食によるチマキザサ (Sasa palmata) 群落の衰退について. 森林研究, 77:13-23

渡辺 裕之 (1970) 京都の秘境・芦生. ナカニシヤ出版, 京都

渡辺 裕之 (2008) 由良川源流芦生原生林生物誌. ナカニシヤ出版, 京都

Yasuda S, Nagamasu S (1995) Flora of Ashiu. Contributions from the Biological Laboratory, Kyoto University, 28:367-486

コラム2　森林被害を回避する4つの防御方法

高田研一

　シカが森林に強い影響を及ぼしているのは確かだが，シカは森林の健全な状態のすべて損なってきたわけではなく，むしろ地域生態系の一員としての積極的な役割を果たしてきた面もある。その意味で，シカを完全に排除する大規模なシカ柵設置については将来の問題が発生する可能性すらある。したがって，シカの被害回避についての方法を整理しておかなければならない。シカの採食行動が及ぼす被害を回避するには，次の4つがある。

1) **ゾーンディフェンス**：保護対象となる全域を広く大規模なシカ柵で囲うもので，囲う範囲の選択は，小集水域全体などの自然条件に基づく場合と，所有地境界や予算規模にしたがうなど社会的条件に基づく場合がある。
2) **マンディフェンス**：樹皮剥ぎ防止を目的とした樹木の個体（単木）を保護するネットまたはシカ柵と，苗木保護のためのチューブ，ネット等を指す。
3) **パッチディフェンス**：森林の主たる保護対象のみを小規模に保護するシカ柵で，さまざまなサイズで試みられている。
4) **マジノディフェンス**：シカの主要な季節的移動路を遮断する目的で設置される侵入防止線で，1)～3)とは違い，植物を囲い込むシカ柵ではない。この柵は道や市街地，崖などのシカの移動困難な箇所を活用しながら，群れとしての移動を効果的に抑止する。

　次に各方法を説明する。
1) ゾーンディフェンスの長所と短所
　長所：広範囲を囲うことにより，保護対象面積あたりのシカ柵設置の初期費用が安い。草本類も含めた森林群落全体の保護が可能。設置範囲の指定が平易で高度の技術を必要としない。

短所：1か所のシカ柵の毀損によって被害が大きくなるため，見回りの必要性がある。キツネなどの中型肉食獣の侵入も抑止するため，柵内部でネズミ類，ウサギの繁殖を助長する恐れがある。ササ群落が回復した場合，ササの稈密度が高くなり，林床の後継樹実生・稚樹の生育が抑制される恐れがある。

　適用性：保護すべき草本群落を余裕をもって囲うことができるため，小集水域単位や農地保護などでの設置には適用性がある。

2) マンディフェンスの長所と短所

　長所：樹皮剥ぎ対策の効果が高い。

　短所：樹皮剥ぎ対策の場合にはその後の肥大生長によって「締め付け」が生じる場合がある。樹皮剥ぎ防止用の金属網は金属成分が溶出し，着生植物の生育を妨げる場合がある。

　適用性：成木用の樹皮剥ぎ対策として適用性が高い。

3) パッチディフェンスの長所と短所

　長所：シカの再侵入率が低い。将来の高木層成立期待位置などに選択的に防御できる。

　短所：単位面積あたりのシカ柵設置費用が相対的に高くなる。ただし，見回り等の維持管理費用を下げることができる。

　適用性：既存の実生・稚樹の保護に適する。特定の森林の復元に効果が高い。

4) マジノディフェンスの長所と短所

　長所：シカを捕殺することなく，個体数調整ができる可能性がある。

　短所：適用可能な箇所は限定される。

　適用性：平野部に突き出た半島状地形の山地などで適用しやすい。ただし現在のところ先行実施事例がない。

次に技術的なポイントを述べる。

柵の素材や設置の工夫

1) 防鹿柵用の素材

①ネット・金網

漁網の効果は一時的で現在はほとんど用いられていない。ステンレス線3

本編み込みの合成繊維製ネットは多くの地域で使われているが、場所によってはこれも破られることがあるため、5本編み込みのネットが開発された。

ネットの色はかつて夜間でも目立ちやすい黄色素材のものが用いられることが多かったが、シカへの効果は確認されておらず、最近では目立ちにくい茶褐色や黒色のネットを用いる例が増えている。

ネットの高さには、シカが助走して跳躍する高さは2.3 mを超えるが、子ジカを連れたメス群は1.8 m程度で有効とされる。

編み込み金網、溶接金網、強化プラスチック、強化合成繊維も開発されている。シカは顎先をネットに差し込んで切歯で噛み切るため、合成繊維素材のものではネット径を狭めたものを用いることが多くなっている。

金網は運搬が難しいが、ネット径を大きくできることから、目立ちにくい。編み込み式の金網は支柱部への負荷が大きくなりすぎることから、丈夫な支柱を地中深くに打ち込む必要がある。

②支柱

木製支柱、金属（多くは亜鉛メッキ合金）、FRP樹脂などの支柱がある。間隔は2〜4 m程度である。地形の凹凸がある斜面、谷部では、場所条件に応じた間隔とする。

森林においては支柱を打ち込むことが困難な場合が多く、支柱打ち込み機を用いる場合もある。ハンマーで打ち込める地中固定用のアンカーに空洞の支柱をかぶせるタイプのものもある。多雪地においては、支柱が倒伏、曲がり、折損するため、積雪期前に取り外し、融雪期には再設置することがふつうである。

支柱の打ち込みはシカ柵設置経費の大きな部分を占める。

③スカート（潜り込み防止対策）

シカ柵内へのシカ侵入の多くは、壊れた部分からの侵入だが、壊れない場合はネット下からの潜り込みが多い。これに対してネットをアンカーピンでとめるか、ネットに余裕を持たせてネット下の地際から裾を数十cm広げてピンでとめるかする。

ネットとは別に高さ50 cmほどのネットを二重にはかせるスカートを用いても潜り込み抑止効果はある。とくにイノシシやウサギの侵入を防ぐ必要のあるときに有効である。

④その他

ネットの網目が細かい場合にはキツネなどの捕食者が侵入できないためシカ柵内にウサギ，ネズミが増加する可能性がある。このような場合，柵の数か所に捕食者のための出入口を設置する。

2) テキサスゲート

「テキサスゲート」とは，地表の高さでシカが横断，跳躍困難となる通行遮断材（グレーチング等）とその設置をすることを指す。横断側溝で用いられるグレーチング蓋の目合いを直径8〜10 cm程度にすると，シカの通行が困難となる。

3) 樹皮剥ぎ防止ネット素材

単一の成木（単木）の樹皮剥ぎは防止ネットを用いる。直接樹皮に巻きつけるプラスチックネットが商品化されている。

4) 造林・苗木植栽用小型ネット素材（単木用シカ柵）

苗木保護には，効果の乏しいチューブによる単木保護やゾーンディフェンスによる広範囲保護しか選択肢がなかったが，天然林ではパッチ型のシカ柵のほうが有効である。京都市ではアカガシ，イロハモミジ，モミ等の苗木植栽の一部において，3本の巣植え群ないしは1本だけの単植苗木を保護する簡易的な単木用シカ柵を用いて成果を得ている。

シカ柵設置上の留意点

1) 破損排除，回避

①倒木・大枝落下 → 事前の危険木の伐倒，切除

②基盤土壌流亡 → 設置位置を水みちから避けるため，シカ柵の形状にこだわらない，位置をずらす

③積雪折損 → 積雪期の前後での取り外し

④流亡土砂の堆積 → 位置をずらす，止むを得ない場合には土砂吐きを設け，定期的に排出

⑤角の引っかかり → ネット目合いを小さくし，強度のある支柱を用いる

⑥切歯による切断 → ネット目合いを小さくする，または金属製ネット

2) 設置困難地形での工夫

シカ柵の設置困難な地形は，同時にシカの通行が困難な地形でもある。こ

のような場所はシカが同じ場所を繰り返し通行する可能性が高い。そのケモノ道を遮断することによって有効にシカの移動を妨げることができる場合もある。

①谷を横断する場合のシカ柵の設置

谷が広く，流量が多い場合にはこれを横断してシカ柵を設置することは現実的ではない。狭く，流量の少ない谷ではシカ柵で集水域全体を囲う選択はありえるが，このとき大雨時の流木，土砂排出量の予測のもとに設置しなければ，シカ柵の破損・流亡につながる。このような場合，あらかじめ土砂吐き（容易に土砂を排出できるように裾を長めにとったネットの非固定部分など）と強度のある支柱の設置を工夫する。このときにでも谷部を横断するシカ柵では定期的な維持管理作業が必要となる。

②凹凸の多い微地形

斜面の凹凸が多いと，ネットの高さが相対的に下がる箇所ができたり，ネットの地上部からの「浮き」が生まれ，シカの潜り込みを容易にする。これに対しては，支柱本数を増やしたり，潜り込みの可能性がある箇所で強度のあるスカートを履かせる。

③表土の薄い岩盤状地形

尾根筋などでは土壌が浅く，あるいは基盤岩がむき出す地形がある。このような場所でのシカ柵の設置は支柱が地中で固定しにくいために困難となる。こういった場合には通常の杭打ち機は利用できない。岩盤の節理面を探し，電動削岩機で基盤の掘削をしたうえで，支柱の固定を図るが，必要な場合は固定セメントを用いるが，経費がかかる。

2.1.6 大峯山脈前鬼の森林とシカ

松井 淳

大峯山脈前鬼

奈良県吉野郡下北山村前鬼は,大峯山脈の深い山中にある奥駈道に唯一残された宿坊である。大峯山脈では古来「靡き八丁は神仏の顕現」とされ,不殺生不伐木の掟によって森が守られてきた。前鬼では宿坊のまわりの立派なスギ林を抜けて山に入ると原生的な森が現れる。

大峯山脈でも近年シカの個体数が増加し,森林の様相が変化してきたと言われてきたが,まとまった情報は乏しかった (柴田 1998, Yokoyama et al. 2001)。そこで,2005年に大峯山脈前鬼の針広混交林に 1.08 ha の調査区を設置し,以来継続調査を行ってきた。また林床のササについては 1983 年の調査資料があり今回のデータと比較できた。

森の構造

調査地は北緯 34° 06',東経 135° 55',標高約 1,000 m に位置し,一帯はツガやモミと,ミズナラ,ブナ,ヒメシャラなどが混じる針広混交林である(図1)。

調査区内の高さ 1.3 m 以上のすべての樹木の種名,位置および胸高直径(胸の高さの幹の太さ)と,直径 5 cm 以上の樹木についてはシカによると思われる剥皮痕の有無を記録した。胸高直径 5 cm 以上の樹木は 54 種,1,023 本,5 cm 未満の樹木は 33 種,420 本あった(図2)。胸高直径 135.1 cm のツガを筆頭に,胸高直径 50 cm を超える大径木が多く(全体の 4.6%),原生的な森の姿を示していた。ただし,図の棒グラフは小径木ほど数が多い逆J字型を示してはいるが,順調に世代交代が起こる森林に比べると,胸高直径 5 cm 未満の稚樹が非常に少なかった。

剥皮痕は,18 種 144 本(14.1%)に見られた。なかでもリョウブ(65.0%),カヤ(57.1%),ヒメシャラ(32.3%)などの剥皮率が高かった。また剥皮

図1　調査区と下北山村の位置（国土地理院の電子地図に加筆）
前鬼宿坊から登山道を 500 m ほど登ったところに広がる針広混交林の北東向き斜面に調査区を設定した。平均傾斜は 30°を超える。

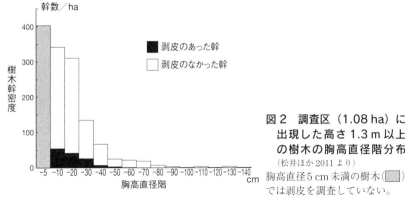

図2　調査区（1.08 ha）に出現した高さ 1.3 m 以上の樹木の胸高直径階分布
（松井ほか 2011 より）
胸高直径 5 cm 未満の樹木（▨）では剥皮を調査していない。

の見られた樹木の 9 割以上は，胸高直径 30 cm 未満の比較的小さいサイズに偏っていた（図2）。Akashi & Nakashizuka（1999）が大台ヶ原で行った研究でも，剥皮が直径の小さい個体により多く見られ，それらが枯死しやすくなるため，森林全体で次世代を担う若い個体が乏しくなることが指摘されている。

ササは消滅した

1983 年の調査では，林床はスズタケの濃いやぶに覆われていた。ササの稈密度を 5 m×5 m の小区画ごとに 4 段階で評価した分布図から推定した（図3-a）。当時のササの稈密度は全域の平均で 11.3 本/m² と推定された。とこ

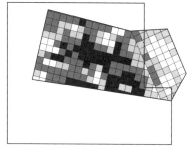
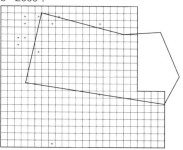

図3 新旧調査区の位置関係とスズタケの稈密度の空間分布（松井ほか2011より）
a：1983年，**b**：2009年。メッシュサイズは5m。☐：0〜5本/m^2，▨：5〜10本/m^2，▩：10〜15本/m^2，■：15本/m^{2}以上。，＋：50cm以上のスズタケ生存稈があり稈密度はいずれも0.1本/m^{2}未満

図4 前鬼の森の林床
遠くにある樹木の根元まで見える。手前の木の根元には，枯れたスズタケの稈が残っている（2005年5月）。

ろが現在は離れたところの樹木が根元まで見える（図4）。2009年に高さ50cm以上の生きたスズタケの稈数を数えたところ，調査区全体でわずかに25本，稈密度は0.0023本/m^{2}であった（図3-b）。25年前に比べるとササは5,000分の1にまで減少してしまった。

現在林床は土壌があらわになっており，雨が降ると土が流れやすくなっている。地表を覆う高さ2m未満の植被は調査面積のわずか6.7％だった。こ

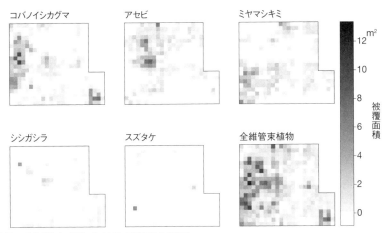

図5　2009年夏における林床植生被覆（松井ほか2011より）
コバノイシカグマ，アセビ，ミヤマシキミの3種で全維管束植物の分布面積（727.2 m²）の90.3%を占めた。

のうちコバノイシカグマ（2.5%），アセビ（1.9%），ミヤマシキミ（1.7%）のシカの不嗜好性植物3種で被覆面積の9割を占めた（図5）。つまり，林床にはシカの食べない植物だけがわずかに残っているだけなのである。

シカはどれだけいるのだろう

2008年に糞塊除去法によってシカの生息密度を調べた。糞塊除去法の原理はおよそ次のようなものだ（Koda et al. 2011）。ある調査によれば，シカは1日に23.3回糞をする（Horino & Nomiya 2008）。一定面積の地面を掃除してからひと月ほど待ち，新しく落とされた糞塊を数える。式で書くと

$$D = N/PST$$

ただし推定生息密度 D（頭/km²），加入糞塊数 N（個），調査面積 S（km²），調査間隔 T（日），シカの排糞頻度 $P=23.3$（個/頭・日）となる。

2008年8月から10月にかけ，幅4 m長さ100 mの帯状調査区を8か所で設定し，糞塊の計数と除去を繰り返した。その結果，シカの生息密度は8月～9月が11.2頭/km²，9月～10月が24.0頭/km²と推定された。これはトウヒ林が崩壊した大台ヶ原の生息密度に匹敵する値である。

図6　シカ柵（2005年8月）
設置当初の写真で，柵内外に差はない。

図7　実生と実生旗（2005年8月）
調査区内に発生したコハウチワカエデの実生。実生旗でマークされている。番号テープの幅は2 cm。

ギャップを柵で囲う──実生は育つか？

　森林が健全に世代交代（更新）できるためには実生や稚樹が生長することが必須である。シカの影響を排除するため，2005年に，上層木が倒れ林床の光環境がよいギャップに小型のシカ柵（図6）7基を設置し，内外に発生する樹木実生の生長，生残を追跡，比較した。

　シカ柵の大きさは約4 m×8 mで，各シカ柵の内外それぞれに4 m^{2}の実生調査区を設け，出現する実生の種名と高さを記録した。1本1本の実生を区別するために，実生のそばに針金にナイロンの番号テープをつけた「実生旗」を立てて個体識別を行った（図7）。

　実生の発生数にはシカ柵の内外で大きな違いはなかった。主要13種について見ると2005年から2009年の5年間に柵内で1,969本，柵外で1,844本が確認された（表1）。種ごとの集計を見ても傾向の差は認められない。これは私たちの設定した実生調査区ではシカ柵の内側にも外側にも等しく種子が散布されていたことを示唆する。この結果から，前鬼の森林は自力で更

表1 主要13種の実生の消長
太字は生長, 生残動態のグラフで取り上げたコホート（同齢種個体群）を示す。

種名	シカ柵	2005新規	2006新規	2007新規	2008新規	2009新規	合計
アカシデ	柵内	11	**221**	20	2	2	256
	柵外	10	**97**	12	3	6	128
イヌシデ	柵内	11	**404**	23	4	6	448
	柵外	15	**312**	13	9	9	358
オオモミジ	柵内	6	6	51	2	8	73
	柵外	18	1	32	2	1	54
クマシデ	柵内		**119**	8	2	3	132
	柵外	3	**37**	4	1		45
コハウチワカエデ	柵内	20	7	62	14	6	109
	柵外	23	2	17	5	1	48
ツガ	柵内		**73**	21	12	9	115
	柵外	7	**92**	20	6	1	126
ナンゴクミネカエデ	柵内	2	3	19	3	23	50
	柵外	3	2	60	8	10	83
ヒメシャラ	柵内	**41**	**234**	15	33	12	335
	柵外	**66**	**186**	24	24	10	310
ブナ	柵内	1		36	1	1	39
	柵外	1		23		1	25
ミズナラ	柵内	8	14	5	26	7	60
	柵外	4	16	9	28		57
ミズメ	柵内	25	**64**	16	**44**	**33**	182
	柵外	39	**225**	39	**57**	**78**	438
モミ	柵内	11	13	1	34	4	63
	柵外	15	3	5	33		56
リョウブ	柵内	37	32	18	13	7	107
	柵外	40	36	11	8	21	116
総計	柵内	173	1,190	295	190	121	1,969
	柵外	244	1,009	269	184	138	1,844

新する潜在力をまだ保っていると言えそうだ。

一方, 年度ごとに見ると, 2006年の発生実生数は他の年に比べて著しく多かった。森林の林冠を構成する高木種では数年に一回程度の頻度で大量の種子を生産する「隔年結果」とよばれる現象が知られており, 前鬼の森林では2005年がそのような豊作年にあたったと考えられる。

調査開始から数年経つとシカ柵の内外には違いが生じてきた（図8）。シカ柵の内側に樹木実生の小さな茂みが現れる一方で, 外側では依然地面があらわになったままで,不嗜好植物であるシダや低木だけが残って生えていた。

図9は柵の内外における各樹種実生コホート（同齢種個体群）の高さ生

2.1.6. 大峯山脈前鬼の森林とシカ　133

図8　シカ柵の効果（2011年8月）
シカ柵内（左）には生長した実生の茂みができているが，柵外（右）は調査開始当時と変化がなく地面や調査枠の杭，実生旗が見える。右の写真の中央手前と奥に残っている林床植生は，シカが食べないコバノイシカグマとミヤマシキミ。

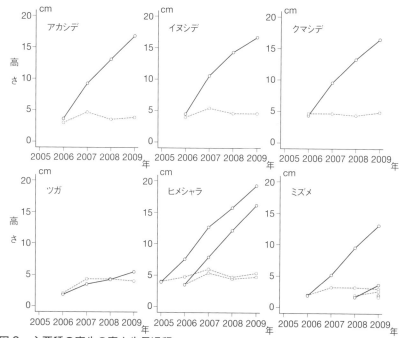

図9　主要種の実生の高さ生長過程
柵内外の実生数合計が100以上のコホートを対象とした。—●—柵内，--○--柵外

長を比較したグラフである。シデ属の3種やヒメシャラでは柵内の平均樹高が2009年に15cmを超えたのに対して，柵外ではほとんど生長せず1つのコホート（2005年のヒメシャラ）以外ではどの種の高さも5cm未満にと

どまった。

　ただし，この森の最優占種であるツガだけは例外的で，柵で囲われても顕著な生長は見られず，ほかの種とは異なる傾向を示した。2009年現在すべての樹木実生で最も高い個体は柵内では1 mに達したが，柵外では25 cmであり，10 cmに達したものは21個体のみだった。

　高さの平均は生き残った個体のみから計算するので，時間が経つほど個体数が減っている。高さ生長を調べたコホートごとの生存率は，2006年の各種のコホートでの3年後（2009年）の生存率は柵外が低く，1種を除き20％未満であった。これに対して柵内ではツガとミズメは30％程度にとどまるものの，他の4種では60％超える個体が生存していた。

　以上の結果をまとめると，種子散布から実生発生の段階では柵の内外に差はないが，その後の生長と生残に差が出て来ると言える。このことから，更新阻害の大きな原因がシカによることが強く示唆されるのである。

　柵の内外では今後しばらく生長と生残の差が蓄積してゆくと予想される。ではシカ柵による森林更新は正攻法として確立し，一般に普及できるのだろうか。私たちの試みは100 m×100 mという，山全体からみればほんの一片の林分での実験である。しかしこれまでの短い経験でも，台風などにより倒木がシカ柵を潰してしまうこともあり，シカの侵入を招いた。わずか数個の柵を維持管理するだけでもなかなかたいへんであるし，大峯山脈じゅうの森にできたギャップをことごとく囲うわけにはいかない。さらに言えば柵が外せてこそ森林生態系がまっとうに再生したと言えるのだろう。

　そのためにはどうしてもシカの圧力を軽減することを避けては通れない。平方キロあたり10頭を超える高いシカ密度をどこまで抑えられるかにこれからの森の命運がかかっている。

引用文献

Akashi N, Nakashizuka T (1999) Effects of bark-stripping by Sika deer (*Cervus nippon*) on population dynamics of a mixed forest in Japan. Forest Ecology and Management, 113:75-82

Horino S, Nomiya H (2008) Defecation of sika deer, *Cervus nippon*. Mammal Study, 33:143-150

Koda R, Agetsuma N, Agetsuma-Yanagihara Y, Tsujino R, Fujita N (2011) A proposal of the method of deer density estimate without fecal decomposition rate: a case study of fecal accumulation rate technique in Japan. Ecological Research, 26:227-231

松井 淳, 堀井 麻美, 柳 哲平, 森野 里美, 今村 彰生, 幸田 良介, 辻野 亮, 湯本 貴和, 高田 研一 (2011) 大峯山脈前鬼地域における森林植生の現状とニホンジカによる影響. 保全生態学研究, 16:111-119

柴田 叡弌 (1998) 大峯山系のシカ被害. 奈良植物研究会会報, 65:16-18.

Yokoyama S, Maeji I, Ueda T, Ando M, Shibata E (2001) Impact of bark stripping by sika deer, *Cervus nippon*, on subalpine coniferous forests in central Japan. Forest Ecology and Management, 140:93-99

2.1.7 大台ヶ原のブナ林の30年

中静 透・阿部 友樹

はじめに

　大台ヶ原の研究を始めたきっかけは，ニホンジカのことを意識したからではなかった。1981年，ブナ林の更新や動態の研究を目的として，大台ヶ原での調査を開始したのがきっかけだった。

　大台ヶ原には，太平洋側の典型的なブナ林のさまざまなバリエーションが見られる。太平洋側の標高の高いブナ林では，ウラジロモミやヒノキ，イチイなどの針葉樹が混じるのが特徴的である。標高が高くなるにつれ，ウラジロモミの混じる割合が高くなり，しだいにトウヒ－ウラジロモミ林に推移してゆく。また，標高の低いブナ林の林床にはスズタケが優占するが，高くなるにつれミヤコザサに変わる。そうした変異がおそらくブナの更新や動態にも影響するだろう，という漠然とした考えで研究を開始した。実はこうした樹木の組成や林床の違いがシカの影響を考えるうえで重要であったことが，後になって明確になる。

　ブナ林の動態を考えるうえでは，ササ類が極めて重要である。基本的にはササ類は樹木の更新を妨げる (Nakashizuka and Numata 1982a)。シカはブナを含む樹木の稚樹を食害して更新を妨げるが，同時にササ類も食べるから，更新を助けるという面もある。東北地方では，ブナ林に放牧されたウシがササ類を食べつくした結果，ブナが更新する例がある (Nakashizuka and Numata 1982b)。シカの役割も基本的にウシと同じで，大台ヶ原の場合も樹木とササ類と両者を食べるシカという3者の関係が重要だろう，という予想は持っていたものの，この関係に樹木の組成やササの種類がかかわってくるとは思っていなかった。この30年間の森林の変化は，そのことを能弁に物語るものであった。

調査地の概要

大台ヶ原の気候と植生

　大台ヶ原のブナ林のなかで，ここでは2つのタイプの森林でシカの影響を比較する。調査地1はブナの優占度の高い森林で，林床にはスズタケが優占する。これに対して，調査地2はブナの優占度が低く，ウラジロモミの優占度が比較的高い。林床にはミヤコザサが優占する（表1）。調査地1は1981年に，調査地2は1982年に，10 m×200 mのベルトトランセクトを設置して樹木の組成と林床植物，樹木の更新状況をほぼ5年ごとに2011年まで，30年間の変化を調査してきた。

シカ柵設置の概要

　黒崎（2009）の区画法によるセンサスでは，大台ヶ原におけるシカ生息密度は，1982年には22頭/km^{2}であったが，1990年代には30頭/km^{2}に増加した後，2005年には14.4頭/km^{2}に減少したと推定されている。調査地内では，1991年まではシカの影響はあまり見られなかったが，1991年以降顕著になってきた（口絵6-④）。そのため，環境省がシカ柵を整備し，2003年には調査地1全体が，2005年には調査地2全体が排除柵の中に含まれた（表1）。

樹木個体群の変化

　1981（1982）年における樹木の密度（樹高2 m以上）と断面積合計（BA）を見ると，両調査地ともブナのほうがウラジロモミよりも太い個体が多いため，個体数ではウラジロモミのほうがブナよりも多いが，断面積合計で見ると調査地1ではブナのほうが大きく，調査地2では2種のBAがほぼ同じという状況であった（表1）。

　しかし，その後の変化は両サイトで大きく異なっている。調査地1では30年間でBAには大きな変化がないが，樹木の幹数はシカ柵の設置される2003年前後まで一度大きく減少し，設置後は大きく回復している。これに対し，調査地2では，BAは30年間で約18％減少し，幹密度も2011年には1982年の56％にまで減少して，回復の兆しがない。両サイトとも，ブナよりもウラジロモミのほうが密度の減少が大きく，特に調査地2ではBAも大きく減少しており，特にウラジロモミは当初の状態に比べてBAで38％，

表1　調査地大台ヶ原の概要

	調査地1	調査地2
標高 (m)	1,450	1,600
プロット面積 (ha)	0.2	0.2
初期密度 (/ha)		
ブナ	140	165
ウラジロモミ	340	345
森林全体	1,090	765
胸高断面積合計 (m^2/ha)		
ブナ	26.4	15.7
ウラジロモミ	8.21	5.6
森林全体	48.4	38.5
林床タイプ	スズタケ	ミヤコザサ
プロット設定年	1981	1982
シカ柵設定年	2003	2005
シカ柵面積 (ha)	5.62	1.02

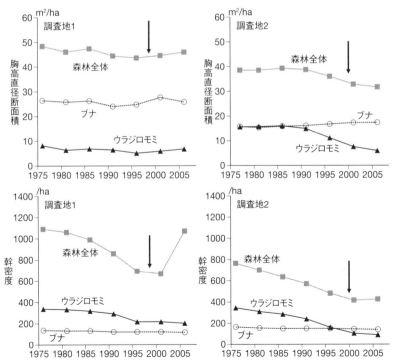

図1　胸高断面積（上段）および樹木密度（下段）の変化
矢印はシカ柵設置の時期を示す。

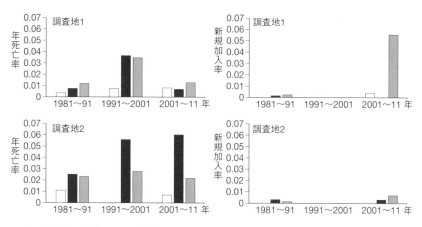

図2 死亡率（左）および新規加入率（右）の変化
□ ブナ　■ モミ　▨ 森林全体

図3　調査地2（ウラジロモミが多く、ミヤコザサが林床に優占する林）の林内 (2011年7月撮影)

密度で26％に減少している（図1）。

　この密度変化を死亡率と新規加入率でみてみる。ブナは調査地1でも調査地2でも、この30年間の死亡率には大きな変化がない(図2)。それに対して、ウラジロモミでは1981（調査地2は1982）年から1991年までの低い死亡率が1991年以降大きくなる。2003～2004年にシカの排除柵が造られたため、調査地1では2001年以降死亡率が低下するが、調査地2では2001年以降も高い死亡率が続く。調査地1の周辺で樹木の動態を調べたAkashi and Nakashizuka (1999) によれば、ウラジロモミはシカによる樹皮剥ぎの影響

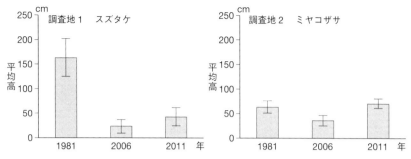

図4 ササの高さの経年変化

を強く受けているのに対して，ブナはほとんどその影響がない．それ以外の樹木では，特にオオカメノキが樹皮剝ぎの影響を強く受けている．調査地1では，こうした樹木が多かったため，死亡率にもその影響が現れているが，細い木が多いために全体のBAには大きな影響がなかった．こうした樹木の少ない調査地2では，樹木全体の死亡率はウラジロモミとブナの中間的な値を示している．

新規加入率で見ると，調査地1では2001～2011年を除き，どの時期も死亡率を下回っていた．2003年にシカ柵が設置されて以降は，特に林冠ギャップを中心に急速に新規加入率が高くなっている．しかし，この新規加入の多くは，キハダ，ミズメ，リョウブ，タラノキなどの広葉樹で，ブナもウラジロモミも含まれていない．一方，調査地2では全期間を通じて新規加入率が非常に低く，シカ柵が2005年に設置されたあとも，新規加入率は高くなっていない（図2）．

ササの高さと頻度

この30年間のササ類の変化は，調査地1と調査地2で大きく異なっている．スズタケが優占する調査地1では，1981年には出現頻度100％，平均高（80個の1m^{2}コドラートでの最大高の平均）で約160 cmあったスズタケが，2006年には出現頻度36％，平均高24 cmに衰退した（図4, 5）．そして，シカ柵が設置された8年後の2011年にも48％，45 cmにしか回復していない．一方，ミヤコザサが優占する調査地2では，全期間を通じてミヤコザサは100％の出現頻度を保っていた．1982年に63 cmであった平均高は，2006年に37 cmにまで減少したが，2011年（シカ柵設置6年後）には

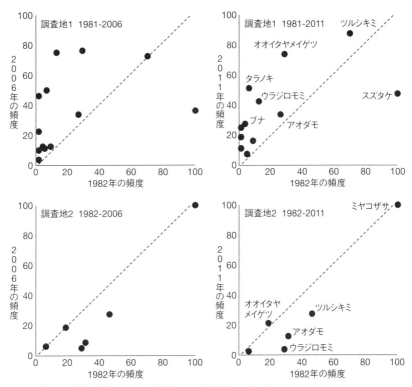

図5　樹木の実生（高さ2m未満）の出現頻度の変化
1982年の頻度に対する2006年（左）および2011年の変化（右）を示す。

70 cm と，1982 年を上回る高さに回復した．つまり，スズタケはシカによる食害の影響を強く受け，回復も遅いのに対して，ミヤコザサはシカ食害の影響が小さく，回復も速い．ただし，このことには林冠木の衰退も関係している．調査地2 ではシカの食害を受けやすいウラジロモミが多かったために林冠木も多数枯死しており（BAで18％減少），林内が明るくなっている．これに対して，ブナの優占する調査地1 ではBAの大きな変化はなく，林内は調査地2 に比べて暗い．

稚樹の更新動態

　樹高2 m に達しない樹木の動態も，両調査地で大きく異なっている．調査地1 で稚樹の出現頻度の変化を見ると，シカ柵直後の2006 年には，すで

に多くの樹種の出現頻度が 1981 年当時よりも高くなっている（図 5）．この中には，キハダ，ミズメ，タラノキなど，1981 年当時にはほとんど見られなかった樹木の稚樹も出現しているほか，ブナ，ウラジロモミも 1982 年のそれぞれ 3.3 倍，6.0 倍という高い出現頻度となっている．2006 年でも，出現頻度は高いまま維持されたうえ，ほとんどの樹木が成長した．特に，アオダモ，キハダ，タラノキ，ミズナラ，ミズメなどの平均高（80 個の 1 m^2 コドラートでの最大高の平均）はスズタケの平均高を超えていた．ただし，ブナとウラジロモミの稚樹は，1981 年にはそれぞれ 15 cm，25 cm 程度であったが，2011 年にはそれぞれ 15 cm，15 cm と，それほど大きく育ってはいない．

これに対して，調査地 2 では出現する樹木の種数ももともと少ないが，シカ柵設置 2 年後の 2005 年において，稚樹の出現頻度は 1982 年よりも減少しており，シカ柵設置後の 2011 年になってもそれは回復しておらず，1982 年当時よりも低い．また，稚樹の高さ（80 個の 1 m^2 コドラートでの最大高の平均）も，1982 年当時とほぼ同じで，ササの平均高の 3 分の 1 未満であった．

林冠の優占種とササの組み合わせが問題

こうして 30 年間の変化を見ると，林冠木とササの種類の組み合わせによって，シカ柵の影響が全く異なることがわかる．調査地 1 ではシカによる樹皮剥ぎの影響を受けにくいブナが優占し，林床にはシカの食害を受けやすく回復も遅いスズタケが優占する．これに対して，調査地 2 ではシカの皮剥ぎの影響を受けやすいウラジロモミが多く，林床にはシカの食害の影響を受けにくいミヤコザサが優占する．

調査地 1 では初期の状態ではスズタケの優占により樹木の更新が妨げられていたが，シカの食害によってスズタケが衰退した．林冠木は樹皮剥ぎによる影響が小さかったために林冠の衰退はわずかで，林内は暗い．そのため基本的に回復力の小さいスズタケは回復により時間がかかる．そのことが樹木の稚樹には好条件となり，シカ柵設置後には多くの樹木が林冠ギャップを中心に更新した．もともとの優占種であったブナやウラジロモミはまだ 2 m を超える個体に成長していないが，稚樹の出現頻度は高くなっており，今後優占度を増加させてゆくものと予想される．

調査地 2 でも，1982 年当時には調査地 1 と同様，ミヤコザサが樹木の更新を妨げている状況にあった。ミヤコザサもシカの食害を受けるが，その影響はスズタケに比べて圧倒的に小さく，優占度の減少も小さい。さらに，林冠木は皮剥ぎの影響を受けやすいウラジロモミが BA で約半分を占め，その 60％以上が食害などによって枯死したため林内は明るくなった。したがって，シカ柵を設置しても，明るくなった林内ではミヤコザサの回復も速く，2011 年には，1982 年よりもミヤコザサの優占度は増している状況になり，樹木の更新も 1982 年よりもさらに制限された状況になった。

まとめ

以上の点を考えると，シカ柵の効果は，林冠の優占種と林床のササの種類の組み合わせによって，森林を全く別な方向に変化させることがわかる。シカの樹皮剥ぎの影響を受けやすい林冠木とシカの食害を受けにくいササの組み合わせでは，森林は更新せず衰退の方向に向かう。シカの樹皮剥ぎの影響を受けにくい林冠木と食害を受けやすいササの組み合わせでは，妨げられていた樹木の更新が，シカ柵の設置により，むしろ促進される。

では，他の組み合わせではどのような結果になるのか。例えば，ウラジロモミとスズタケ，ブナとミヤコザサの組み合わせではどうなるか。前者では，森林の崩壊と再生を分ける閾値が，より微妙なものになるであろう。ウラジロモミの林冠木もシカによって急速に衰退するであろうが，林床のスズタケも食害により急速に減少し，そのバランスやタイミングで変化の方向が一定しない。一方，後者では，シカの樹皮剥ぎは少なく，森林としては安定しているものの，更新の機会は林床がスズタケの場合と比べて，さらに限られた条件になるものと考えられる。シカの密度や林内の光環境によって，ミヤコザサが衰退するか否かが決まるが，伊東・日野（2009）は，大台ヶ原のブナとミヤコザサの組み合わせで，ミヤコザサも衰退し，樹木実生の生残率が向上したことを報告している。

したがって，ブナとスズタケの組み合わせの場合には，スズタケの衰退を待ってシカ柵を設置すれば，森林の再生が確実に期待できる。ブナとミヤコザサの場合は，シカ柵を設置して更新が期待できる状況になるかどうか，ミヤコザサの状態を見極める必要がある。ただし，森林はすぐに衰退しないので，急ぐ必要はない。ウラジロモミとミヤコザサの場合にはシカ柵の設置だ

けで森林の更新を期待することが難しい。林冠木が残っている状態のうちに，ミヤコザサを刈りはらうか，ササの一斉開花・枯死のような現象がないと森林の再生は難しい。ウラジロモミとスズタケの場合には，樹皮剥ぎによる森林の衰退と食害によるスズタケの衰退が両方とも急速に起こるので，その程度やタイミングを見極めてシカ柵を設置しないと，更新の成否が大きく異なる不安定なものになるものと考えられる。

このように，シカの密度に加えて林冠木や林床植物のシカの食害に対する影響の大きさとそれらの組み合わせによって，シカ柵の効果は大きく異なり，森林の更新を促進する場合だけでなく，場合によっては大きく妨げる場合もあることを考慮すべきである。

引用文献

Akashi N., Nakashizuka T. (1999) Effects of bark-stripping by Sika deer (*Cervus nippon*) on population dynamics of a mixed forest in Japan. Forest Ecology and Management, 113:75-82

伊東 宏樹・日野 輝明 (2009) シカとササは樹木の更新にどのように影響するか. 柴田叡弌・日野輝明 (編) 大台ヶ原の自然―森の中のシカをめぐる生物間相互作用―, 154-163. 東海大学出版会, 神奈川

黒崎 敏文 (2009) シカの保護管理計画. 柴田叡弌・日野輝明 (編) 大台ヶ原の自然―森の中のシカをめぐる生物間相互作用―, 245-254. 東海大学出版会, 神奈川

Nakashizuka T and Numata M. (1982a) Regeneration process of climax beech forests I. Structure of a beech forest with the undergrowth of Sasa. Japanese Journal of Ecology, 32:57-67.

Nakashizuka T and Numata M. (1982b) Regeneration process of climax beech forests II. Structure of a forest under the influences of grazing. Japanese Journal of Ecology, 32:473-482.

2.1.8 中国山地のシカ被害と
シカ柵による二次林の再生

永松 大

中国地方におけるシカの増加

　中国地方でも1980年代から各地でシカによる農林業被害が顕著になってきた。それ以前には,例えば山口県や島根県ではシカの生息はごく限定的で,長らく保護対象として扱われてきた。1950年代の山口県では,本州最西端にあたる県北西部に50頭程度の生息が確認されるのみで,シカの絶滅を避けるため捕獲禁止区域設定などの対策が採られていた。島根県内でも,戦後は島根半島西部に隔離的に少数が生息するのみで,一時狩猟を禁止するなどの保護が行われ,シカは「要保護種」として「しまねレッドデータブック」に掲載される状況であった。しかしその後両県ではシカの個体数が増加し,生息地が拡大した。目撃例が増えるとともに農林業被害が顕著となった。シカへの対応は,徐々に保護から「保護と狩猟の適正化」に軸足が移り,被害の拡大に応じて有害鳥獣としての捕獲や被害防止のための電気柵設置などの対策が採られるようになった。

　広島県では,以前から県央部の丘陵地を中心にシカが生息しており,個体数が増加してきた。広島県の調査によると,2003年から2011年の間だけでもこの地域のシカの分布域は1.6倍に拡大し,以前よりも高標高域にまで進出するとともに,瀬戸内海沿いに生息していた別個体群と分布が連続するようになった。広島県では被害防止のため,1975年からシカの有害捕獲を開始し,メスジカの狩猟解禁や狩猟期間の延長などで,近年捕獲頭数は増加しているが,農林業被害は収まっていない。

　現在,岡山県,鳥取県に生息するシカは,東に隣接する兵庫県から連続的に分布している。兵庫県では,西播磨や南但地域を中心に以前からシカが多く,1970年代から農林業被害が目立っていた。兵庫県の資料によると,県内のシカ捕獲数は1956年には421頭に過ぎなかったが,有害鳥獣捕獲が行

図1 シカの増加にともなう林床の変化（鳥取県若桜町の同一地点）
左：2005年5月11日，右：2014年5月13日

われるようになった1980年代の終わりには年3,000頭程度になった。捕獲数はその後，被害の拡大に対応して増加し，2010年度には年間36,774頭に至った。そのような努力にもかかわらずシカ個体数の増加圧力はおさまらず，分布拡大が生じて西側では岡山県東部や鳥取県東部にシカの分布が拡大してきたものと考えられる。岡山県では2006年当時，シカの分布は県の中央部を南北に流れる旭川よりも東側に限られていたが，2010年までに県内全域に分布が拡大したとされる。

鳥取県では弥生時代の遺跡からシカの骨製道具が多数出土することから，当時は一定数のシカが生息していたと考えられているが，少なくとも近世以降の個体数は少なかったようである。戦後も1970年代まで捕獲例は稀で，生息はしていても密度は非常に低かったと思われる。1977年の環境庁第2回自然環境保全基礎調査でも，シカの分布は県内東部地域の県境や山間部に少数が記録されるのみで，分布はまばらで限定的であったことがうかがえる。ところが，2003年の同第6回調査では，県内東部でシカの分布が連続して広範囲となり，以前は見られなかった県内西部や海岸域でも生息が確認されるようになった。鳥取県では相前後してシカによる農林業被害の報告が増え，特に2008年以降に急増した。

中国地方におけるシカ被害の状況

中国地方の中でも，鳥取県西部のように現時点では森林へのシカ害がほとんど問題になっていない地域もある。しかし同じ県内でも，鳥取県東部では最近10年の間に，森林内の景観が大きく変わった場所が増えてきた。草や低木がほとんどなくなり，地面ばかりが目立って森の中の見通しがよくなっ

た場所が多い。図1は環境省のレッドリスト（絶滅のおそれのある野生動植物のリスト）で絶滅危惧II類（VU）にあげられているクマガイソウの自生地で，林床にはヤマソテツやルイヨウボタン，ハイイヌガヤなどが多かった（図1-左）。クマガイソウのモニタリングのために継続して観察していたところ，その後数年で林内の林床植生はシカの食害により急速に衰退した（図1-右）。林内では現在，シカの不嗜好植物であるヒトリシズカがわずかに生えるのみで，前述の植物群は消失し，クマガイソウも著しく衰退した。シカによる直接の食害は確認できなかったが，展葉時期にクマガイソウの地上茎が地際で切断された事例を観察した。

近年，市民が山に入り五感を使って人工林の調査・観察を行って，間伐などの手入れや健全性を評価する「森の健康診断」が各地で進められている。森の健康診断は，人工林の手入れ不足に起因する自然災害の拡大を防ぐ観点から，流域単位で人工林の健全性を広域に評価することを目指している（蔵治ら 2006）。鳥取県でも，2010 年から東部の千代川（せんだい）流域で森の健康診断が行われている。森の健康診断にはシカ害調査は入っていなかったが，千代川流域はシカの分布拡大が進行中のため，シカ被害の広がりを独自に記録している。これまでに調査が終わった上流域では，シカによる下層植生の減少は東側で顕著で，西側では目立たなかった。このことからも，この地域では，シカが東側から増えていることが裏付けられる。

千代川から東に移動すると，シカによる森林への被害がさらに深刻なようすが観察される。千代川から中国山地の脊梁部をはさんで山陽側にあたる岡山県西粟倉村では，積雪期に雪を避けてシカが集まっていたと思われる集落近くのヒノキ林で，シカによる集中的な樹皮剥ぎが起こり，壊滅的な被害を被った例もある（図2）。

さらに東側にあたる兵庫県の南但地域ではシカ被害が深刻で，森林の林床にほとんど植物が残っていない。林床でみられるのは，シカが食べないアセビ，ミツマタ，イワヒメワラビ，タケニグサ，マツカゼソウ程度で，多くの場合は視線を遮る低木・草本がほとんどない。林道法面など草の生えやすい場所でもシカが草を食べ尽くすため（図3），通常は道路維持に必要な草刈りが全く不要である。広葉樹はもちろん，スギ・ヒノキの苗木もシカに食べられてしまうため，シカの高密度地域では植林ができず，林業にも影響を与えている。

図2 ヒノキ林におけるシカの樹皮剥ぎ被害
（2011年，岡山県西粟倉村）
幹の白い部分が樹皮剥ぎ跡。

図3 林道沿いの草の消失（2012年，兵庫県朝来市）
左右の法面はいずれもシカの食害により植生被覆がほとんどない。

スギ伐採跡地での1haのシカ柵による森林再生の試み

その兵庫県南但地域にある朝来市はシカ生息密度が高い場所である。そこの林道沿いにつくられた残土場跡地に森林を再生させるため，シカ柵を造って広葉樹植林が行われた。この再生事業の経緯と植林から8年経過後の森林再生の状況について以下に紹介する。

シカ柵が造られたのは南東向きの山腹斜面で，標高600〜640 m，面積は約1 haである。尾根部にわずかにアカマツとコナラを中心とした二次林が残るが，山腹の大部分はスギ人工林である。これを伐採して林道工事の残土場が造成された。最上部を通る森林作業道を使って，1 haの上半部に林道工事の残土（礫の多い鉱質土壌が大半）が運び込まれ，勾配1：1.5（傾斜33°）の斜面が造成された。1 haの下半部は残土搬入を予定してスギが伐採されたものの，実際は使われることなく放置され，傾斜20度ほどの伐開地が残された。

上半部では残土搬入後の1995年頃（植栽の10年ほど前）に，法面緑化

図4 植栽8年後のシカ柵内外の植生景観（2014年，兵庫県朝来市）

資材の吹き付けが行われたが，30 cm以上の深さまでが礫質土壌であったため植物の定着は芳しくなかった。シカの食害もあって，植栽実施時まで植物の植被率は低かった。残土が入らず放置されていた下半部は，団粒状構造の森林土壌が維持された。下半部では伐開後にススキが優占し，ウリハダカエデやコバノガマズミ，サンショウなどの樹木がいくらか見られたものの，シカの食害のために，森林は再生しなかった。

　2006年早春，植栽に先立って残土場跡地全体を囲むように延長400 m強のシカ柵が設置された。3 m間隔で長さ2.5 mのL型支柱を立て，高さ0.9 m網目150 mmの獣害防止用金網を上下2段に重ねて柵とした。鉄製アンカーを金網と連結して地中に埋め，地際からのシカの侵入も防ぐ構造であった。当地は伐採前，スギ人工林であったが，材価の低迷と社会状況の変化を踏まえ，土地所有者の希望で広葉樹林を再生する計画が立てられた。周辺の現存植生からコナラ，ミズナラを中心とした高木林が再生目標とされ，苗の調達容易性も考慮してコナラ，ミズナラ，クリ，ホオノキ，ミズメが植栽されることになった。3,000本/haの密度で，苗高0.5 m苗が植栽された。礫質土壌の上半部では客土して植栽，森林土壌の下半部では土壌改良なしに植栽のみが行われた。植栽後4年ほど下刈りが行われた。

　1 haのシカ柵内に植えられた樹木は，自然に定着した樹種も加えて順調に生長し，植栽後8年を経て若い広葉樹林が成立しつつある。下層植生も，柵内はススキなどが豊富であるのに対して，柵外はイワヒメワラビなどシカの不嗜好植物がわずかに生えるのみで，柵外と柵内の植生景観には明確なコントラストが生まれている（図4）。

表1 植栽8年後のシカ柵内における植栽木と自然生樹種の出現状況（兵庫県朝来市）
端数処理のため，合計が合わないことがある。

	個体密度 (本/ha)	(上層)	(被陰)	最大直径 (cm)	最大高 (m)	植栽密度 (本/ha)	生存率 (%)
コナラ	558	453	105	11.2	9	804	69.4
ミズナラ	461	305	156	8.6	8	704	65.6
クリ	297	246	51	11.6	9	503	59.1
ミズメ	253	214	40	11.6	10	503	50.4
ホオノキ	139	123	16	12.6	8	503	27.6
クマノミズキ	57	30	28	9.3	7		
タラノキ	50	22	28	12.5	9		
ヤマグワ	36	14	22	7.4	5		
ウリハダカエデ	36	12	24	2.7	5		
ムラサキシキブ	34	18	16	3.1	4		
クロモジ	34	18	16	4.6	6		
コバノガマズミ	24	8	16	1.4	2.5		
サンショウ	22	12	10	9.2	5		
その他28種*	141	77	63	10.1	7		
全体	2,141	1,550	590	12.6	10		

*：ウツギ，ガマズミ，アカシデ，キブシ，エゴノキ，イソノキ，アカマツ，アセビ，ヤマハギ，タニウツギ，クサギ，ヤブムラサキ，リョウブ，ヌルデ，ミズキ，アオハダ，カナクギノキ，アキグミ，タンナサワフタギ，ツクバネウツギ，ニガイチゴ，アカメガシワ，アサガラ，ウワミズザクラ，カスミザクラ，カマツカ，ケヤキ，ヤマザクラ

2014年春，森林再生の状況を調べるため，シカ柵内の毎木調査を行った。樹高1.3 m以上のすべての幹を対象に，樹高と胸高直径を計測した。以下に紹介する結果の数値は，土壌改良なしに植栽が行われた柵内下半部のものである。

シカ柵内に植栽された5種は，当初合計3,016本/haの密度で植栽されたが，8年後には1,709本/haの密度となった。確認された個体がすべて植栽起源だと仮定すると，コナラ，ミズナラ，クリ，ミズメの4種は，当初植栽の5割以上が生き残っており，樹高10 m，胸高直径10 cm超にまで生長した個体もあった（表1）。中でもコナラの生存率が最も高かった。ホオノキの生存率は他4種の半分程度しかなかったが，生き残った個体の生長は他種と遜色なかった。

シカ柵内では当初に植栽された5種が樹高6～10 m程度の林冠をつくり，コナラ，クリ，ミズメ，ホオノキではそれぞれ8割以上の個体が樹林の上層に枝葉を広げていた。ミズナラは生長が劣り，最大直径は小さく，多少とも他種の枝葉の陰になっている個体が全体の1/3を占めた。

植栽した5種以外に，胸高（高さ1.3 m）以上に生長した自然生の樹種が

36 種 432 本/ha 記録された（表 1）。定着した樹種のうち，高木種ではクマノミズキやウリハダカエデ，アカシデ，リョウブ，アオハダ，ケヤキ，ヤマザクラなどが胸高以上の高さに生長していた。クマノミズキは直径 9 cm，樹 7 m に達していたが，他種の個体は最大でも直径 5 cm，樹高 5 m 程度が最大であった。亜高木種としてはパイオニア種のタラノキ，ヤマグワ，サンショウ，キブシ，エゴノキ，クサギ，ヌルデなどが出現した。このほか，ムラサキシキブやクロモジ，コバノガマズミ，ウツギ，アセビ，ヤマハギ，タニウツギなどの低木が記録された。定着した樹種は大部分が落葉樹で，常緑樹はアカマツとアセビの 2 種のみであり，数もごく少数であった。

　自然生の定着樹木でも，タラノキが樹高 9 m，クマノミズキやケヤキ，ヤマザクラが 6〜7 m と植栽木に並ぶ個体があり，上層を占めるものもあった。しかし自然生の種全体でみると，上層に枝葉を広げている個体は全体の半数程度で，植栽樹種より割合は低かった。

　シカ柵内の樹林はまだ林冠が閉じる状態までは達しておらず，地面に直射日光が注いでいる場所も多かった。このため，ウツギやアセビ，ヤマハギ，タニウツギなど樹高 2 m ほどの低木が広く繁茂していた。下層は量の多いススキが優占し，クロモジやサルトリイバラ，ノイバラ，多様なシダ植物にエビネなども見られ，この地域が本来持っている豊かな植物相が再生している可能性が高い。これらの種は柵外ではほとんど出現せず，下層植生は質，量ともに柵内外で大きな違いが生じている。シカ柵の外側に沿ってシカ道ができており，柵外に伸びた植物はすべてシカに食べられていた。

シカ柵による森林再生を成功させる要因

　以上のように，朝来市のシカ柵内では，植栽を基本とした広葉樹林再生が順調に進みつつある。特にコナラの生長はめざましく，今後コナラを中心に落葉樹を中心とした林が再生していくものと期待される。この地域ではシカ密度が高く，植栽木の新芽が食べられて全滅するため，広葉樹はもちろんスギの新規植林も停滞している。このような中，1 ha のシカ柵を計画的に設置・維持して森林再生が進む事例が示されたことは将来への希望となりうる。

　シカの食害により下層植生が減少した場所にシカの侵入防止柵を設置すると，わずか 1 年で下層植生の種数と被度が増加することが報告されている（兵庫県森林動物研究センター 2012）。地域の生物多様性保全の観点からは，柵外

図5　シカ柵に開けられた穴（2014年，兵庫県朝来市）
黒い金属網にシカが通れる大きさの穴が開いている（左手前）。

の植生がシカの食害により単純化する中で，シカ柵内で維持される植生は，面積は小さくとも周辺への種子供給源としての役割が期待される。シカ柵で囲むことのできる面積は，森林全体からすればわずかだが，1 ha のシカ柵は地域の生態系を守るための拠点となりうる。

　シカ柵は機能維持のためのメンテナンスが重要である。朝来市のシカ柵では，所有者により定期的に巡視とメンテナンスが継続されているが，柵に穴を開けられるなどのアクシデントは完全には避けがたい（図5）。少数，低頻度ではあるが，シカが柵内に入って樹木への食害が生じている。特にヤマグワでは，一部の枝を折られたり，樹皮を剥がれたりの被害を受けた個体が多かった。それでも全体として柵内では森林が急速に再生しつつあり，シカ柵の機能は十分に維持されている。

　朝来市のシカ柵は集落から離れた山中にあるが，森林作業道下の見晴らしの良い場所にある。現場作業の合間に目が向く機会が多く，ひんぱんに樹木の生長や柵の状態を俯瞰できるので，シカ柵維持の意識によい影響を与えている。ひんぱんな監視はシカの警戒心を高め，柵内に入ろうとする意欲を低める効果もあるだろう。

　朝来市は積雪地帯のため，雪によるシカ柵のダメージが想定される。実際に，柵の金網は斜面下方に引っ張られてゆがんでいる部分が多く，重い雪による圧力が想像される。金網を下方に引き下げる変形はシカの侵入につながるが，これまでのところ局所的な補修により大規模なシカの侵入は防止できている。これには，設置時の柵の強度が重要であろう。完全な伐採地のため，柵上への落枝，倒木がほとんどないことも柵の維持に貢献している。

シカ柵の課題と将来

　シカ柵を設置するコストはどうだろうか。土地所有者からの聞き取りによれば，朝来市のシカ柵の設置費用は人件費込みで90万円ほど（ただし実費のみ）とのことである。1 ha 3,000本の植栽本数で割ると，苗1本あたり300円かかった計算となる。設置後のメンテナンスなど，継続的に発生する費用はあるが，ここでのシカ柵設置の初期費用は，各種ツリーシェルターと大きくは変わらない。

　シカ柵は大きくなるほどメンテナンスが難しい。凹凸のある斜面では全体にわたってシカの跳躍力を越える高さを揃えることが難しくなる。確実性から言えば，シカが入りにくい10 m×10 m程度の簡易柵を多数設置するパッチディフェンス（**コラム2参照**）のほうが有効かもしれない。しかし植栽1本あたりのコストを下げ，多様な環境条件を包含して多くの生物種を維持していくには，大きな柵が有利である。朝来市のシカ柵は，傾斜30度の山地斜面の不整地であるが，メンテナンスしやすい条件に恵まれて，1 haの柵の機能が長期間維持されている。

　今回の植栽事例の課題として，生物多様性保全への配慮の問題があげられる。自治体からの補助金を得るために植林の完了期限があり，朝来市の例では，苗を吟味する十分な時間が取れなかった。対象5樹種の苗を必要な数量確保することが優先され，苗の産地は限定されなかった。このため，植栽された樹木の遺伝的背景は不明で，地域固有の遺伝的系統が攪乱される可能性がある。植栽した樹木の周辺への影響を考えれば，地域内から採種・育成された地域性種苗を使うことが望ましい（亀山ら2006）。

　現在，農林水産省の森林・林業再生プランが推進され，各地で木材生産量が増加するなかで，木材利用の拡大が課題となっている。各地で利用拡大のアイディアが出されているが，シカ柵の支柱に間伐材を活用する例がある（図6）。今のところ量的にはささやかでコスト面の課題もあるが，金属製の無機質な支柱より景観的に好ましく，将来の廃棄時に問題が少ないメリットもある。中国地方の中山間地集落では今やシカ柵で集落全体を囲むことも珍しくないため，シカ柵に間伐材を活用することには木材利用促進や景観維持の点で一定の役割がありそうである。

　人間が山にひんぱんに入り，人工林の間伐・手入れにより，シカの隠れ場

図6　間伐材を使ったシカ柵（2014年，鳥取県八頭町）

が減ることにつながれば，シカの分布や行動に影響する可能性がある。シカ柵の設置・維持に加えて，間伐材利用の促進など中山間地の林業活性化を有効に組み合わせ，シカの分布を制限しながら効果的な森林再生につなげていく方法を探っていく必要がある。

引用文献

兵庫県森林動物研究センター 編 (2012) 兵庫ワイルドライフモノグラフ4号 兵庫県におけるニホンジカによる森林生態系被害の把握と保全技術. 兵庫県森林動物研究センター, 丹波

亀山 章 監修, 小林 達明・倉本 宣 編 (2006) 生物多様性緑化ハンドブック 豊かな環境と生態系を保全・創出するための計画と技術. 地人書館, 東京

蔵治 光一郎・州崎 燈子・丹羽 健司 (2006) 森の健康診断 100円グッズで始める市民と研究者の愉快な森林調査. 築地書館, 東京

2.1.9 屋久島のヤクシカと植生の変化

辻野 亮

はじめに

屋久島に生息するヤクシカ（*Cervus nippon yakushimae*）は，1970年代にはその絶滅が危惧されるほど減少していたにもかかわらず，近年は非常に増加したために農林業被害や森林植生への影響などが問題視されている。それゆえ，農業・林業地帯では被害を抑えるため，自然植生地帯では森林更新維持や絶滅危惧種・固有種の保護のための活動が必要となっている（図1）。本節では，体が小さいヤクシカの特殊性や生息頭数の変化を紹介し，比較的調査の進んでいる常緑広葉樹林のヤクシカを中心として，ヤクシカと植生とのかかわりを考察したい。

屋久島の特殊性

九州の南の海上に位置する屋久島は，面積はおよそ500 km² のほぼ円形の島である。九州地方の最高峰である宮之浦岳（1,936 m）をはじめとして，1,800 m を超える山が7座もある花崗岩が隆起してできた山岳島であり，黒潮に浮かぶ「洋上アルプス」としても知られている（辻野ほか2011）。

図1　花之江川湿原で採食中のヤクシカ
花之江川湿原にはさまざまな絶滅危惧種や固有種が生育する。

海からの湿った風が山々を駆け上がることで,豊富な雨がもたらされている。海岸沿いにある集落では年間 2,500 mm から 7,000 mm の雨が降るし(江口 1984),島の中央部ではさらに多い降水量が記録されたこともあり,世界でも有数の多雨地帯である。

生命の島

屋久島は小さな島でありながら,その標高差によって5つの植生帯に分けることができる。低い方から順に,亜熱帯-照葉樹林移行帯(標高およそ0〜100 m),照葉樹林帯(100〜800 m),照葉樹林-ヤクスギ林移行帯(800〜1,200 m),ヤクスギ林帯(1,200〜1,600 m),そして山頂付近に成立している風衝小低木林帯(1,600 m〜)である(辻野ほか 2011)。屋久島の西部と南部の一部,東部の一部では,自然植生の垂直分布が残されており,ユネスコの世界自然遺産に登録されている。

1,936 m の標高差や急峻な地形,豊富な降水量によって,屋久島にはシダ植物 388 種と種子植物 1,136 種が自生しており(湯本 1995),日本列島に生育する維管束植物の約6分の1にもなる。また,屋久島だけにしか生育していない固有種 47 種,固有亜種 31 種を含め(Yahara et al. 1987),160 種の絶滅危惧植物種も生育することが知られている(堀田 2001)。面積当たりの固有植物種数を日本列島全体と比較すると,日本列島全体では 0.0052 種/km^2 であるのに対して屋久島では 0.093 種/km^2 であり,約 18 倍も多い。

一方,哺乳類の種数は限られており,中大型哺乳類としてはヤクシマザル(*Macaca fuscata yakui*)やヤクシカ,ヤクシマコイタチ(*Mustera itatsuisho*)のほか,1992〜1993 年頃に屋久島に移入したと考えられているタヌキ(*Nyctereutes procyonoides*)が生息するが(白井 1956; 辻野・揚妻-柳原 2006),本州では生息するイノシシやニホンノウサギは生息しない。

ヤクシカの特殊性

ヤクシカは,ニホンジカの中でも体が小さい(図2)。オトナオスの体重は 40 kg,オトナメスは 30 kg 程度であるから,体重で比較するとエゾシカの3分の1,ホンシュウジカの2分の1程度である。

ヤクシカは小柄なため,1頭のヤクシカが植生に与える影響は小さいはずである。哺乳類のエネルギー要求量は体重の 0.75 乗に比例するので,ホン

図2 ヤクシカのオトナオス
本州のニホンジカに比べて小柄で短足。角も短い。

シュウジカに比べてヤクシカのエネルギー要求量はおよそ0.7倍（$0.5^{0.75}$）となる。ホンシュウジカのオトナオスの枝角は4尖あるが、ヤクシカの枝角は普通3尖である。険しい屋久島の山岳に適応するため、中手骨＊が短い（Terada et al. 2012）。

ヤクシカは屋久島全域に生息している。2008年ごろに行われた生息密度調査によると、ヤクシカは西部地域に多く、全島でおよそ約9,000〜16,200頭生息している（幸田ほか2009; 環境省2009）。2010年から2012年にかけて捕獲されたシカの性比はほぼ1：1（オス4,326頭、メス4,758頭）であった（九州森林管理局2013）ことから、野生群の性比もほぼ1：1であろう。

西部地域の常緑広葉樹林帯で調べられたヤクシカの行動圏は、季節を通してそれほど変わらず、メスで数〜十数ha、オスで10〜50 haの場合が多い（揚妻2005）。また、行動圏の重複が著しい（揚妻2005）。季節や年によって行動圏はあまり変わらない。オスにはメスと同じようにあまり動かないタイプと、時々、行動圏を大きく変えるタイプの個体がいる（揚妻2005）。

屋久島西部地域の常緑広葉樹林のヤクシカの主要な食物は常緑樹や落葉樹の生葉や落枝、落葉、果実や花、それに草本やシダなどである（Agetsuma et al. 2011）。特徴的なのは、年間を通して採食時間の63〜90％は森林林床に落ちてきた落葉や落枝、落果などのリターを食べ、林床で生きている植物は

＊中手骨：ヒトの手でいえば掌を構成する5本の骨で、偶蹄類では指が2本に退化し、それを支える中手骨が短くなっている。前肢では膝から下、後肢では後ろ向きに折れ曲がる「ひざ」の下となるが、この「ひざ」はヒトのかかとに相当する（Terada et al 2012）。

5～28％しか食べていない。これは，シカの生息密度は高いものの（80頭／km^2 以上），採食可能な稚樹などはまだ生育しているので，餌植物がなくて仕方なく落葉などを食べているわけではなさそうである（Agetsuma et al. 2011）。また，シカによる樹皮の採食は非常に少ない（5％未満，Agetsuma et al. 2011）。一方，夏期の糞分析によると，屋久島の上部域ではヤクシマヤダケが重要な餌で（Takatsuki 1990），屋久島の中でも標高や植生帯が異なると食べているものが異なる。

常緑広葉樹林では冬でも餌植物が消失するわけではなく，しかも季節的に安定して食べることのできる落葉を主に食べているので，シカは安定した餌環境の中に生きている。

ヤクシカと森林の歴史

屋久島におけるヤクシカ生息頭数は，1940年頃にはそれほど多くなかったものの，1940年代から1950年頃において急激に増加した。1950年頃までのヤクシカ生息頭数は非常に多かったと考えられる。

この後，生息頭数は減少に転じ，1960年代半ばにはおよそ3,400～4,900頭にまで減少した（鹿児島県自然愛護協会 1981）。それを示すかのように，1950年頃は年間1,000頭あまりが捕獲されている一方で，1960年代半ばから1970年にかけては年間300頭以下にまで減少した。

捕獲頭数の減少に対して，1971年からの10年間は全面禁猟措置がなされた（鹿児島県自然愛護協会 1981; 上屋久町 1984）。しかしその後，スギ造林地や果樹園での被害が発生したために，1978年から有害捕獲が行われて，年間150頭前後が捕獲された（鹿児島県自然愛護協会 1981）。禁猟措置の切れる1980年に行われた緊急調査報告によると，1980年頃のヤクシカ生息頭数は全島で2,000頭くらいであり，ヤクシカが増えたわけでもないのに農林業被害が発生したことがわかった（鹿児島県自然愛護協会 1981）。その後も年間200～300頭の有害捕獲が続けられた。

1980年代から2000年代にかけての生息頭数推移に関する全島的な情報は乏しい。屋久島西部の常緑広葉樹林で行われたルートセンサス（一定ルートを歩いて個体数を調べる方法）では，ヤクシカとの遭遇率がそれほど変わらなかったことから（Koda et al. 2008），1980年代から1990年代半ばまでのヤクシカ生息頭数はそれほど変わらなかっただろうと考えられている。

一方，ヤクシカが減少していったのと同じ時期に，森林も大きく変化している。1950年代の半ばには，九州最初のチェーンソーが導入され，本格的に針葉樹天然林の皆伐とスギ植林が活性化した（稲本2006）。1960年代になると針葉樹伐採に続いて中・高標高域でのスギや広葉樹の伐採が行われるようになり，1970年代～1980年代にかけて伐採と造林の規模が縮小されつつ，2000年頃まで若干伐採され続けた（稲本2006）。広葉樹林が伐採された跡地にはスギの植林が行われ，1990年頃まで続いた（稲本2006）。大規模な森林攪乱は，ヤクシカの生息地を大きく攪乱することで，生息頭数の変化に大きく影響したと考えられる。天然林伐採とスギの植林が一段落した1990年代後半に，今度はヤクシカが増加し始めた。

1990年代後半から2000年代前半にかけて，西部地域のルートセンサスによる遭遇率が数倍に上昇した（Koda et al. 2008）。推定生息密度は，1989年頃の2.6頭/km^{2}から，2000年頃の43～70頭/km^{2}を経て，2008年頃にはおよそ100～150頭/km^{2}にまで増加した（Agetsuma et al. 2003; Tsujino et al. 2004; 環境省自然管理局生物多様性センター2009）。

2009年までは年間数百頭の捕獲が行われていたものの，生息頭数は増加傾向にあったと思われる。2010年に屋久島世界遺産地域科学委員会ヤクシカ・ワーキンググループが設置されてからはヤクシカの捕獲圧が強化され，2010年は1,948頭，2011年は2,606頭，2012年は4,530頭捕獲された（鹿児島県環境林務部自然保護課2013）。生息頭数の減少を目指して大規模な捕獲がなされたものの，2012年に行われた調査によると生息頭数は19349頭（15,608～22,016頭）と推定され（九州地方環境事務所2013），2009年以降も増加し続けている。

常緑広葉樹林の変化

シカの生息密度が高くなるにしたがって，常緑広葉樹林の林床植生はどうだろうか。屋久島西部の常緑広葉樹林は，鳥獣保護区や国立公園特別保護地域などに指定されており，ヤクシカや森林に対する人為的な攪乱は少ない。一方でヤクシカ生息密度は1990年代後半から増え始めて2008年にはおよそ100～150頭/km^{2}にまで増加したので，森林植生に対するヤクシカの影響は島内で最も強いと考えられる。

成木の変化

　森林を構成する成木（胸高直径 5 cm 以上の樹木）はそれほど変化していない。たとえば，標高 250 m 付近に設置された調査区では 1989 年から 2005 年にかけて樹木の胸高断面積の合計に顕著な変化は見られなかったし (Koda et al. 2008)，標高 40～280 m に設置された調査区でも 1992 年から 2002 年にかけて同様の結果が得られている (Tsujino et al. 2006)。成木がシカによって枯死させられる直接的な原因は，過剰な剥皮である。しかし剥皮は針葉樹へのダメージが大きいものの，広葉樹ではそれほど致命的な状況には陥らないので，ヤクシカが増加したにもかかわらずそれほど森林構造が変化していないのだろう。

稚樹の変化

　成木の調査は屋久島島内の様々な場所で行われており，合計で 30 ha 以上の森林調査区が設置されている。その中で稚樹の調査が行われている調査区は少ないが，西部地域の常緑広葉樹林では，1988 年から 2006 年まで稚樹の調査が行われている。期間の前半はヤクシカが好んで採食する植物群（嗜好種）の稚樹はそうでない稚樹に比べて成長率や生残率が減少する傾向にあった。期間の後半になってヤクシカの生息密度が高くなると，不嗜好種の稚樹も成長率や生残率が減少した (Koda et al. 2008)。しかしその一方で，稚樹の種組成は変化しているものの更新はしており，稚樹の生育密度は維持されていた (Koda et al. 2008)。

　別の調査でも高さ 40 cm 以上の稚樹はそれなりに生育していた (Agetsuma et al. 2011)。ヤクシカは主に森林の林床に落ちているリターに頼って生息しているので，ヤクシカの生息密度が多少高くても稚樹を食い尽くしてしまうところまでは及びにくいのかもしれない。

　ヤクシカ生息密度の異なる 3 か所の常緑広葉樹林（2.2 頭/km^2，17.4 頭/km^2，76.2 頭/km^2）における 3 年間の稚樹の生残・成長を調べた調査によると，高さクラスごとに分けた稚樹のヒストグラムはどの地域でも L 字型を示しており，背の低い稚樹は多く，背の高い稚樹は少なかった (Koda and Fujita 2011)。稚樹の個体数と生育状況については，ヤクシカ生息密度が中程度の地域（17.4 頭/km^2）では嗜好種の成長に影響が生じてはいるものの，個体数は減少せずに生育していた。生息密度の高い地域（76.2 頭/km^2）では，嗜好種の個体数は少なくてしかも減少傾向にあったものの，全体としては稚

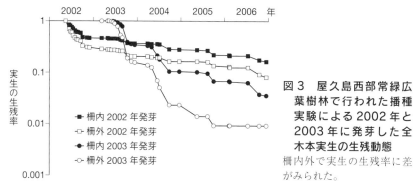

図3 屋久島西部常緑広葉樹林で行われた播種実験による2002年と2003年に発芽した全木本実生の生残動態

柵内外で実生の生残率に差がみられた。

樹個体群の維持・新規加入は行われていた。

　ヤクシカ生息密度の異なる6か所の常緑広葉樹林（2.2〜76.2頭/km²）における稚樹の採食頻度（採食痕のあった稚樹数/全稚樹数）に関しては，全稚樹の採食頻度がヤクシカ生息密度と比例せず，むしろ生息密度が高い地域では採食可能な稚樹が多数食べ残されていた（Koda and Fujita 2011）。稚樹の採食頻度と林床における優占度を嗜好性ごとに整理すると，ヤクシカ生息密度が増加するにしたがって嗜好性が高い樹種の優占度は減少し，逆に嗜好性が低い樹種の優占度は上昇していた（Koda and Fujita 2011）。このことから，ヤクシカの影響が増加するのに伴って稚樹の種構成は変化すると考えられる。

実生と林床植生の変化

　西部地域の常緑広葉樹林（標高270m付近）に設置されたシカ柵による調査によると，柵外に比べて柵内では実生の生残率が高かった（Tsujino and Yumoto 2004, 2008, 図3）。この影響は嗜好種だけでなく不嗜好種でも見られたので，ヤクシカによる影響は採食圧だけでなく，踏圧などの物理的な攪乱の影響も受けていると考えられている（Tsujino and Yumoto 2004, 2008）。

　ヤクシカの生息密度が40〜60頭/km²を超えるあたりから，採食圧が実生・稚樹個体の死亡率に対して影響を与え始めるようである（眞々部ほか2009）。林床の植物量に対しても，生息密度が50〜70頭/km²を超えると，林床の植物量が減少に転じることが示唆されている（眞々部ほか2009）。これらの結果から，生息密度40〜70頭/km²が屋久島の常緑広葉樹林で下層植生とヤクシカとの関係を考えるうえでのひとつの目安となる（眞々部ほか2009）。

　ヤクシカは林床に落ちている落葉や果実に依存しているので，植物に対す

る直接影響も少なくなるはずである。本州のシカが餌の大半を生きている植物に依存し（100％），ヤクシカが17％（5〜28％の中央値）しか依存していないと仮定すると，ヤクシカのサイズを考慮して，ヤクシカが生きている植物に与える影響は本州の落葉広葉樹林のシカのそれの10％程度（$0.17 \times 0.5^{0.75}$）に過ぎないことになる。もちろん，ヤクシカの採食に敏感な嗜好種や絶滅危惧種，さらに生物多様性や土壌，物理・化学的な影響に関してはこの限りではない。

　樹木実生や稚樹だけでなく，林床植生全体を対象にしたモニタリング調査もなされている。西部地域のシカ柵の3年間の調査結果によると，顕著な柵設置効果が見られた（寺田ほか2013）。これまで西部地域ではほとんど確認されなかったヤクシマラン等の絶滅危惧植物を始め，さまざまな植物が柵内に出現するとともに，不嗜好性植物も柵内で被度の増加がみられた（寺田ほか2013）。

　一方柵外では，林内の低木層や草本層の植被率が低く，年々土壌侵食が進行しているようである（寺田ほか2013）。ヤクシカの影響で土壌流出している可能性が指摘されているものの，しっかりとした調査はこれまでなされていない（例えば，九州森林管理局2012）。土壌や栄養塩類の流出状況を把握することは，今後の課題となるだろう。さらに，一口に常緑広葉樹林といっても原生林と二次林とでは状況が大きく異なるようである（幸田私信）。ヤクシカと常緑広葉樹林との関係は，林床の光環境や人為的攪乱の有無などの状況によって大きく異なることが予想され，まだまだ分からないことが多い。

柵を用いる可能性

　屋久島では2012年の段階で48か所のシカ柵などが設置されているが（九州森林管理局2012），小規模な柵内外を短期間調査しただけでは調査結果が表にあらわれてこない。また，異なる主体がそれぞれの規格で調査を開始しているために比較・協力することが難しい。今後は，柵を用いた研究の連携が必要になってくるだろう。

　種の絶滅にかかわる問題においては，十分な調査データが整うまで待っていては，対策が手遅れになってしまう（矢原2006）。屋久島ではシカ柵を用いてヤクシカの影響力を明らかにする調査研究は必須であるものの，むしろ，固有種や絶滅危惧種を組織的に柵によって保護することも必要だろう。

最後に

屋久島の特徴は，多様な環境条件と豊かな降水によって類い稀な森林生態系が形成され，固有種・絶滅危惧種を含むさまざまな植物種が生育していることである。屋久島の森林生態系において屋久島の固有種・絶滅危惧種を保全することと森林植生を維持してゆくことは重要なことである。

ヤクシカは本州や北海道のシカと比較すると小柄で，常緑広葉樹林で食べているものや食べ方は落葉広葉樹林のものとは異なる。屋久島の森林とヤクシカとのかかわりを考えるときには常緑広葉樹林の生産性とヤクシカの行動をよく考慮に入れないといけない。

また，屋久島では多数の主体がシカ柵を用いた研究を行っている。しかし，柵という性質上，目立った成果はすぐには上がってこない。これからも柵を用いて研究してゆくと同時に，屋久島の特徴である多様な植物を守るために柵を活用してゆく必要があるだろう。

引用文献

揚妻 直樹 (2005) やくしかノート②遊動編. 季刊生命の島 (72): 42-46.

Agetsuma N, Sugiura H, Hill DA, Agetsuma-Yanagihara Y, Tanaka T (2003) Population density and group composition of Japanese sika deer (Cervus nippon yakushimae) in an evergreen broad-leaved forest in Yakushima, southern Japan. Ecological Research, 18:475-483。

Agetsuma N, Agetsuma-Yanagihara Y, Takafumi H (2011) Food habits of Japanese deer in an evergreen forest: Litter-feeding deer. Mammalian Biology, 76:201-207.

江口 卓 (1984) 屋久島の気候—特に降水量分布の地域性について—. (環境庁自然保護局 編) 屋久島原生自然環境保全地域調査報告書, 3-26. 日本自然保護協会, 東京.

堀田 満 (2001) 危機に瀕する屋久島南部の稀少植物たち. プランタ (76): 22-29.

稲本 龍生 (2006) 屋久島国有林の施業史. (大澤 雅彦・田川 日出夫・山極 寿一 編) 世界遺産屋久島—亜熱帯の自然と生態系—, 198-216。朝倉書店, 東京都, 278p。

鹿児島県環境林務部自然保護課 (2013) 屋久島世界遺産地域科学委員会ヤクシカ・ワーキンググループ第7回会合資料2-2. http://www.rinya.maff.go.jp/kyusyu/fukyu/shika/yakushikaWG7.html.（2014年8月13日確認）.

鹿児島県自然愛護協会 (1981) ヤクシカの生息・分布に関する緊急調査報告書. 鹿児島県自然愛護協会調査報告 5: 1-34.

上屋久町 (1984) 上屋久町郷土史. 上屋久町.

環境省自然環境局生物多様性センター (2009) 平成20年度自然環境保全基礎調査種の多様性調査（鹿児島県）報告書.

九州森林管理局 (2012) 野生鳥獣との共存に向けた生息環境等整備調査（屋久島地域）等の結果報告. 屋久島世界遺産地域科学委員会ヤクシカ・ワーキンググループ第5回別添 1-2. http://www.rinya.maff.go.jp/kyusyu/fukyu/yakushikawg5.html（2014 年 8 月 14 日確認）.

九州森林管理局 (2013) 屋久島世界遺産地域科学委員会ヤクシカ・ワーキンググループ第 7 回会合 資料 3-1. http://www.rinya.maff.go.jp/kyusyu/fukyu/shika/yakushikaWG7.html.（2014 年 8 月 13 日確認）.

九州地方環境事務所 (2013) 屋久島世界遺産地域科学委員会ヤクシカ・ワーキンググループ第 7 回会合 資料 2-1. http://www.rinya.maff.go.jp/kyusyu/fukyu/shika/yakushikaWG7.html.（2014 年 8 月 13 日確認）.

Koda R, Fujita N (2011) Is deer herbivory directly proportional to deer population density? Comparison of deer feeding frequencies among six forests with different deer density. Forest Ecology and Management 262: 432-439.

Koda R, Noma N, Tsujino R, Umeki K, Fujita N (2008) Effects of sika deer (Cervus nippon yakushimae) population growth on saplings in an evergreen broad-leaved forest. Forest Ecology and Management, 256: 431-437.

幸田 良介, 揚妻 直樹, 辻野 亮, 揚妻 - 柳原 芳美, 眞々部 貴之 (2009) 屋久島全島における糞塊を用いたヤクシカの生息密度分布と全頭数推定.（財団法人日本自然保護協会編）屋久島世界遺産地域における自然環境の動態把握と保全管理手法に関する調査報告書, pp.115-122.

眞々部 貴之, 大澤 雅彦, 朱宮 丈晴 (2009) ヤクシカの採食圧が屋久島の森林下層植生に与える影響.（財団法人日本自然保護協会編）屋久島世界遺産地域における自然環境の動態把握と保全管理手法に関する調査報告書, pp. 56-84, 環境省九州地方環境事務所.

白井 邦彦 (1956) 屋久島の野生鳥獣及び屋久犬. 鳥獣集報 15: 53-79.

Takatsuki S (1990) Summer dietary compositions of sika deer on Yakushima Island, southern Japan. Ecological Research 5: 253-260

Terada C, Tatsuzawa S, Saitoh T (2012) Ecological correlates and determinants in the geographical variation of deer morphology. Oecologia 169: 981-994.

寺田 仁志, 手塚 賢至, 荒田 洋一 (2013) 世界自然遺産登録地屋久島西部地区でのシカによる生態系被害回復モニタリング―防鹿ネット柵設置後 3 年間の植生の変化―. Nature of Kagoshima (39): 167-176.

辻野 亮 (2014) 屋久島におけるヤクシカの個体群動態と人為的撹乱の歴史とのかかわり. 奈良教育大学自然環境教育センター紀要 15: 15-26.

Tsujino R, Yumoto T (2004) Effects of sika deer on tree seedlings in a warm temperate forest on Yakushima Island, Japan. Ecological Research, 19:291-300

Tsujino R, Yumoto T (2008) Seedling establishment of five evergreen tree species in relation to topography, sika deer (Cervus nippon yakushimae) and soil surface environments. Journal of Plant Research, 121:537-546

Tsujino R, Noma, N, Yumoto T (2004) Growth in sika deer (Cervus nippon yakushimae) population in the western lowland forest on Yakushima Island, Japan. Mammal

Study, 29:105-111

Tsujino R, Takafumi H, Agetsuma N, Yumoto T (2006) Variation in tree growth, mortality and recruitment among topographic positions in a warm-temperate forest. Journal of Vegetation Science, 17:281-290.

辻野 亮, 揚妻-柳原 芳美 (2006) 鹿児島県屋久島の森林で発見された外来哺乳類～タヌキ・ノイヌ・ノネコ・ヤギ. 保全生態学研究 11: 167-171.

辻野 亮, 矢原 徹一, 手塚 賢至, 杉浦 秀樹 (2011) 野外研究サイトから (19) 屋久島. 日本生態学会誌 61: 341-348.

矢原 徹一 (2006) シカの増加と野生植物の絶滅リスク.（湯本 貴和, 松田 裕之 編）世界遺産をシカが喰う：シカと森の生態学. 文一総合出版, 東京, pp. 168-187.

Yahara T, Ohba H, Murata J, Iwatsuki K (1987) Taxonomic review of vascular plants endemic to Yakushima Island. Japan. Journal of Faculty of Science of the University of Tokyo, III 14: 69-119.

湯本 貴和 (1995) 屋久島 - 巨木の森と水の島の生態学. 講談社, 東京.

湯本 貴和, 松田 裕之 (2006) 世界遺産をシカが喰う：シカと森の生態学. 文一総合出版, 東京.

コラム3　ニホンジカの管理のための データ収集

坂田宏志

どのようなデータが必要か

　現行の制度では，シカ（ニホンジカ）の個体数管理の計画策定や進行管理においては，特定鳥獣保護管理計画などを策定する都道府県の役割が大きい。シカを適切に管理していくためには，捕獲や被害対策に相当の労力や予算が必要となる。そのための意思決定や合意形成には，それにふさわしい根拠が必要である。その根拠を得るためにはどのような方法があるだろうか？　ここでは特に，都道府県のような広域の情報を正確に集める方法を紹介する。

　まず，データの内容は，管理の目的に沿った目標の達成度がわかるような指標でなくてはならない。もし，農業被害の軽減が目的であれば農業被害額や被害面積，被害感情などが指標になるだろうし，植生に対する食害の軽減が目的であれば，下層植生の衰退度などが指標になる。いずれにしても，目的の達成度を具体的な数字で表すことができる指標であることが必要である。

　次に，いくら内容が適切であってもデータ収集の地点数や頻度などが不十分であれば，そのデータは有効に使えない。特に，広域的な意思決定に役立てるためには，少なくともその地域を網羅し，広域の実情を反映したデータである必要がある。また，管理計画のためには長期的な動向の把握が必要であり，そのためには，せめて毎年1回は継続的に収集できるものでなくてはならない。

　理想的には調査の項目は多く，質は高く，地点数は多く，調査の間隔は短い方が良いが，実際の予算や労力，期間は限られている。したがって，できるだけ低いコストでリーズナブルに本来の目的を果たすには，どうすべきかの工夫が必要になる。そのために，データに求められる条件と，現場の実情と調査技術などを考え合わせて，誰が，どのような項目を，どのような空間的・時間的間隔で，どのように集めるかの調査計画を立てなければならない。当然，集められたデータをどのように分析し，どのような目的に使うのかふ

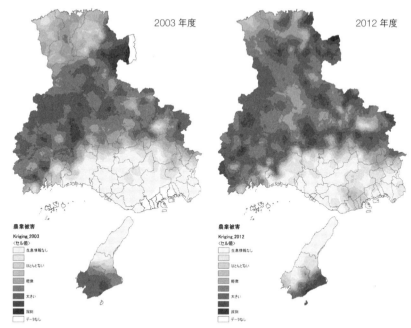

図1　兵庫県における異なる年のシカによる被害状況地図

まえたうえでなければ，データの条件や調査計画は決められない．

農業被害情報の収集

　農業被害の鳥獣害の調査を，例えば台風などの水害と比較しながら考えてみよう．多くの場合，水害は1日か2日で集中した地域に甚大な被害を及ぼす．その規模を把握するためには，被害が出た直後に調査員が現地に向かえば，その時点での膨大な被害の全貌を確認できる．一方で，鳥獣による被害は，少しずつ継続的に発生するものである．被害を確認するために調査員が出向くとすれば，数千円から数万円程度を把握するために，管轄内全体に広がる被害現場に頻繁に足を運ばなくてならない．それでは，被害額に対して，あまりにも大きな調査費がかかってしまう．したがって，調査員が現状を確認するような調査は現実的ではなく，被害者からの報告をとりまとめるような調査手法が必要になる．報告者や頻度についても，個人個人にその都度報告を求めることは被害者にも集計者にも負担が大きい．また，市町村の単位での報告では，1人の報告者が管轄内を把握することは困難であるし，正確

な情報は集めにくい。

　これらの現状をふまえ，私がかかわっている兵庫県で行われている調査では，年に1回，農業集落ごとに，その集落の代表の方に，獣種ごとの被害の深刻さを5段階評価で報告してもらうことにしている。集落の代表は「農会長」と呼ばれる農業に関することの行政と集落の窓口になっている役員に依頼する。調査や報告を誰に依頼するのかも重要なポイントになる。

　この調査は，被害補償金の払い出しのような個々の被害に対する手当を決めるための材料に用いることはできない。しかし，目的である，地域全体の傾向をつかみ，対策の方針を決めるための情報をしては非常に有用で，調査のコストパフォーマンスも高い。兵庫県では2003年から毎年約4,000集落へ報告を求め3,000以上の集落から情報が集まってくる，その情報を空間的に分析して，図1のような被害状況地図を作成している。この集計値や地図の年次変化を見ることで，被害の傾向を把握することができる。

　また，この被害の集計結果と，別途行う調査と個体数推定で算出した生息密度との情報を合わせると，図2のような関係図が作成できる。これによってどの程度の生息密度であれば，どの程度の被害状況を想定しなければならないかが明らかになる。この関係図から，目標とする生息密度を決めることができる。図2の例でいえば，被害が深刻あるいは大きい集落の割合を20％以下抑えるためには，生息密度がキロ平米当たりのシカ密度を5〜10頭以下にすることを目指すことになる。

自然植生の食害に関するデータ収集

　自然植生の衰退に関するデータは，それを把握し報告できる被害者はいないため，被害者の報告から状況を把握することはできない。一方で，広域的かつ継続的な状況を網羅することや，予算や労力の制約など，実施すべき手法に求められる条件は共通している。

　調査の項目と質を確保するためには，調査員が現場に行く必要があるが，調査すべき地点数は，5km四方に1地点を目安に考え，兵庫県内を例に挙げると300地点程度の調査を行うこととしている。場所ごとの年次変動や調査の際の誤差は，被害や生息密度の変動と比べると小さいため，4年に1回の調査としている。これが費用対効果も含めて検討した結果の調査計画である。さらにこの実験計画をリーズナブルに実施するためには，調査員への

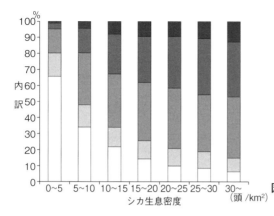

図2　兵庫県におけるシカ密度と農業被害程度の関係図

簡単な訓練で調査ができるようになることや，1回当たりの調査時間は15分程度で完了することなどの条件がつく。

植生被害のデータも農業被害と同様に，生息密度との関係を明らかにすることで，目標の設定や目標へ向けた進行管理が，客観的なデータを元に行えることになる。

調査の目的・計画・手法の一体化

野生動物の被害にしても生息数にしても，現状把握のためには様々な手法がある。得られたデータをどのように分析し，どのような目的に使うかによって，調査すべき項目や選ぶべき手法は異なる。また，同じ手法でも，調査地点の配置や調査スケジュール，つまりは調査計画によって，得られたデータの有効性は全く変わってしまう。これらのことを考慮した上でなければ，誰がどのように調査を行うべきかも決まらないのである。このような配慮をして，目的と計画と手法が一体となった調査を行ってはじめて，広域的な対策の意思決定が可能なレポートができあがるのである。

情報源（2015年5月19日確認）

　兵庫県第4期シカ保護管理計画　http://www.wmi-hyogo.jp/publication/sanctuary.html
　兵庫県におけるニホンジカによる森林生態系被害の把握と保全技術　兵庫ワイルドライフモノグラフ第4号　http://www.wmi-hyogo.jp/publication/monograph.html
　農業集落アンケートからみるニホンジカ・イノシシの被害と対策の現状　兵庫ワイルドライフモノグラフ第2号　http://www.wmi-hyogo.jp/publication/monograph.html

2.2 高山植生,湿地,ササ草原とシカ柵

2.2.1 南アルプスの高山植生とシカ

増澤 武弘

近年,日本列島の山地帯と亜高山帯においてシカによる草本植物群落の攪乱が多くの地域で報告されている（梶 1993, Matsuda *et al.* 1999, 宮本・梶 2003, Uno and Kaji 2000, 矢部 1995）。高山帯においては北海道知床半島でその存在が大きな問題となっている。中部山岳地域では南アルプスの高山草原において,シカによる攪乱が急速に進んでいる。ここでは過去に高山植物の調査がなされた場所である塩見岳周辺,本谷山・板屋岳,三伏峠の高茎草本群落について,シカによる攪乱の状況を述べる。また,シカの移動経路,シカ柵の形式・設置状況については南アルプス北部の北岳を中心にして述べる。

南アルプスの高山帯とシカ

南アルプスの高山帯は過去にシカの存在が確認されていなかったため,その状況および被害に関する研究成果はきわめて少ない。標高 3,000 m 付近の稜線部で目撃の報告が聞かれるようになったのは 2000 年代に入ってからで,林野庁の職員や高山の研究を行っている研究者が情報発信の中心となった。その後,南アルプス中部・南部においては増沢ほか（2005, 2007）,元島ほか（2006）,元島（2009）等により,シカによる高山植生に対する食圧,踏圧が報告された。2013 年には長池（2013）,泉山ら（2013）により,白峰三山における採食の現状について具体的なデータが報告された。

南アルプス中央部におけるシカの影響

塩見岳は白峰山塊から南南西に延びる赤石山塊に位置する。塩見岳から荒川前岳（3,068 m）・赤石岳（3,120 m）までは標高 2,500 m から 2,800 m の権右衛門山（2,682 m）・本谷山（2,658 m）・烏帽子岳（2,726 m）・小河内

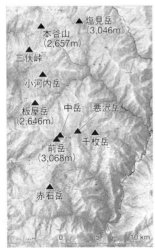

図1 南アルプス中部の主要山頂

岳（2,801 m）・板屋岳（2,646 m）の峰が連なり，それらの稜線沿いには針葉樹に混じって高茎草本群落が成立している（図1）。これらの高茎草本群落[*1]に対し塩見岳の山頂部南東斜面には広大な雪渓跡地の植物群落[*2]が成立している（近田 1981，水野 1984）。また，塩見岳の稜線には風衝地の植物群落[*3]が，南東面の不完全なカールには，地形に対応した多様な植物群落が発達している。ここでは25年前に調査された結果をもとに，2005年に荒川岳から塩見岳における稜線の高山草原の現状について，約25年前の状況と比較して検討を行う。

塩見岳の高山植物群落

塩見岳の山頂部は緑色岩類やチャート[*4]などで構成されていて，その形は兜を伏せたような景観を示している（松岡 1982）。この突出した山頂部は露岩地となっていて，岩場に生育する高山性の矮性低木および多年生草本植物が生育している。山頂部より標高の低い2,600 m前後のなだらかな稜線は，砂岩や泥岩により構成されている。稜線の西側斜面は大きく侵食されていて，

[*1] 高茎草本群落：亜高山帯から高山帯下部の水分条件のよいところに成立する群落。
[*2] 雪渓跡地の植物群落：遅くまで雪が残り，水分条件のよい斜面に成立する群落。
[*3] 風衝地の植物群落：山岳地域で，強風が吹き抜ける場所に成立する植物群落。
[*4] チャート：海底に堆積した生物の化石が地上に出てきたもの。珪藻が多く，硬く赤色の岩石。

表1　塩見岳の植物群落 I (2005年)

階層		種名	被度・群度
草本層	●	*Artemisia sinanensis* タカネヨモギ	4・3
		Coelopleurum multisectum ミヤマゼンコ	3・1
		Trollius riederianus シナノキンバイ	2・2
		Calamagrostis canadensis イワノガリヤス	1・2
		Rumex montanus タカネスイバ	1・2
		Gentiana makinoi オヤマリンドウ	＋・2
		Ranunculus acris ミヤマキンポウゲ	＋
	●	*Veratrum grandiflorum* バイケイソウ	＋
		Geranium yesoense ハクサンフウロ	＋
		Deschampsia flexuosa コメススキ	＋・2
		Polygonum viviparum ムカゴトラノオ	＋
		Solidago virgaurea ミヤマアキノキリンソウ	＋
下位草本層		*Viola biflora* キバナノコマノツメ	3・2
		Arnica unalaschcensis var. *tschonoskyi* ウサギギク	＋

●：シカの不嗜好性の高い植物

表2　塩見岳の植物群落 II (2005年)

階層		種名	被度・群度
草本層	●	*Artemisia sinanensis* タカネヨモギ	3・2
	●	*Veratrum grandiflorum* バイケイソウ	2・1
	●	*Aconitum senanense* ホソバトリカブト	＋
下位草本層		*Viola biflora* キバナノコマノツメ	4・4
		Carex sp. スゲ属植物	＋
		Ranunculus acris ミヤマキンポウゲ	＋
		Brassicaseae sp. アブラナ科植物	＋
		Saussurea triptera var. *minor* タカネヒゴタイ	＋
		Taraxacum sp. タンポポ属植物	＋
		Senecio takedanus タカネコウリンカ	＋
		Potentilla fragarioides キジムシロ	＋
		Solidago virgaurea ミヤマアキノキリンソウ	＋
		Geranium yesoense ハクサンフウロ	＋

●：シカの不嗜好性の高い植物

崩壊が常時生じている急斜面となっている。このような稜線や崩壊地には2000年あたりから，シカが目撃されている。現在の急斜面にははっきりとしたシカ道を何本も見ることができる。山頂部の露岩地を除いて，3,000 m付近までハイマツ群落が分布していて，その下方にはダケカンバが優占した落葉樹林，それより標高の低いところには針葉樹の森林が広く分布している。このような森林内には2005年以後，強度なシカの食圧，踏圧のあとが見られる。

　塩見岳の東側は大規模なカール地形（清水 2002）であるが，カール壁と上

図2　塩見岳の 1979 年の多年性草本植物群落
シナノキンバイが優占した植物群落

図3　塩見岳の 2005 年の多年生草本群落（2005 年）
図2と同じ地点。シカの食圧を受けている。

部崖錐は崩壊し，荒川岳の東面（土 1985，増沢ほか 2005）のように明瞭な状態で残存していない。比較的岩盤が硬く崩壊が少なかった部分には，頂上直下までハイマツ群落となっている。調査区として過去に高茎草本群落が発達していた場所でシカの攪乱が少ない地点と攪乱の大きい地点に方形区を設置した（表1，2）。表1の塩見岳の植物群落Ⅰは，若干の食圧はあるが自然度の高い群落でタカネヨモギ・ミヤマゼンコが優占していて，下位草本層にはキバナノコマノツメが密度の高い状態で生育していた。この付近は 25 年前の調査では草丈の高いシナノキンバイまたはハクサンイチゲが優占している高茎草本群落が広く分布していたところである（近田 1981）。シナノキンバイとハクサンイチゲは 1980 年前後では被度・群度が各々5・5と4・2であったが（図2，口絵 4-①左），2005 年の調査ではタカネヨモギが優占種で4・3，シナノキンバイは2・2と変化していた。

　表2の塩見岳の植物群落Ⅱはシカによる攪乱が大きい場所の結果である。

表3 三伏峠の植物群落 I(2005年)

階層	種名 (2005年)	被度・群度
草本層	● *Aconitum senanense* ホソバトリカブト	2・1
	● *Veratrum grandiflorum* バイケイソウ	+
	Angelica pubescens シシウド	+
	Polygonum viviparum ムカゴトラノオ	+
下位草本層	*Fragaria nipponica* シロバナノヘビイチゴ	4・3
	Carex sp. スゲ属植物	3・3
	Viola biflora キバナノコマノツメ	3・3
	Geranium yesoense ハクサンフウロ	1・2
	Euphrasia matsumurae コバノコゴメグサ	1・2
	Ranunculus acris ミヤマキンポウゲ	+
	Taraxacum sp. タンポポ属植物	+
	Trollius riederianus シナノキンバイ	+
	Cerastium shizopetalum ミヤマミミナグサ	+
	Thalictrum aquilegifolium カラマツソウ	+
	Malaxis monophyllos ホザキイチヨウラン	+
	Rumex montanus タカネスイバ	+
	Senecio takedanus タカネコウリンカ	+
	Arabis hirsuta ヤマハタザオ	r
	Pedicularis yezoensis エゾシオガマ	r

●:シカの不嗜好性の高い植物

ここは,タカネヨモギまたはバイケイソウが優占していて,それに混生するようにホソバトリカブトが生育していた。下位草本層はキバナノコマノツメが優占していたが,すでに地表面が露出している状態であった。また,場所によっては植生がなく裸地化していて,侵食が生じている状態が広くみられた(図3,口絵4-①右)。全体としてシカの強度の食圧・踏圧により植生が単純化し,再生が不可能と思われる部分は侵食が進んで何本か流路のあとが見られた。

三伏峠の高茎草本群落

三伏峠は,赤石山脈のほぼ中央に位置していて(図1),静岡県側と長野県側を結ぶ日本最高所の峠といわれている。大井川水系の西俣沢の源頭にあたり,峠の東側には高茎草本群落が峠から下方に向かって三角状に分布している。その下方にはダケカンバ・シラビソ林が発達していて,高茎草本群落が突然出現するような景観である(水野 1999)。三伏峠の高山高茎草本群落は,森林限界以下の亜高山帯に位置していて,稜線の鞍部の風背側の緩斜面であることから,水野(1984,2001)により,亜高山帯風背緩斜面型の「お花畑」と呼ばれた。このお花畑の成立は,風の影響が大きいものとされてい

表4　三伏峠の植物群落Ⅱ（2005年）

階層	種名	被度・群度
草本層	● *Ligularia dentata* マルバダケブキ	5・4
	● *Veratrum grandiflorum* バイケイソウ	2・2
	● *Aconitum senanense* ホソバトリカブト	＋
	Angelica pubescens シシウド	＋
下位草本層	*Carex* sp. スゲ属植物	5・5
	Ranunculus acris var. *nipponicus* ミヤマキンポウゲ	＋
	Pleurospermum camtschaticum オオカサモチ	＋
	Rumex montanus タカネスイバ	＋
	Saussurea triptera タカネヒゴタイ	＋
	Trollius riederianus シナノキンバイ	＋
	Thalictrum aquilegifolium カラマツソウ	＋
	Maianthemum dilatatum マイヅルソウ	＋・2
	Pedicularis yezoensis エゾシオガマ	＋
	Viola biflora キバナノコマノツメ	＋・2
	Taraxacum sp. タンポポ属植物	＋
	Cimicifuga simplex サラシナショウマ	＋

●：シカの不嗜好性の高い植物

る。

　針葉樹林に囲まれたこの高茎草本群落もシカによる攪乱が大きく，典型的な高茎草本群落は周辺の林のへりにわずかに存在していた（表3，4）。三伏峠の植物群落Ⅰ（表3）はシカの攪乱が大きい地点でホソバトリカブトが優占し，バイケイソウとシシウドがわずかに混生していた。

　草本層は密度が低く，種数も極めて少なく貧弱であった。かつてはシシウドが優占し，さらに高い密度でシナノキンバイ・ハクサンフウロ・オオカサモチが混生する草丈の高い高茎草本植物群落であった。2005年には，シシウドは極めて低い密度で出現した。下位草本層はシロバナノヘビイチゴとスゲ属植物が高い被度を占め，それらにタンポポの仲間やコバノコゴメグサが混生し，芝生状の景観ではあったが種数は多かった。

　表4の三伏峠の植物群落Ⅱはシカの攪乱が小さい地点で，三伏峠の林縁に沿って成立している草本植物群落のほとんどがこのタイプの群落であった。この調査地点は，群落Ⅰと異なり芝生状の植生ではなく，高茎の草本植物が存在していて，シカにより食圧を受ける以前の状態がわずかに残っていた。シカ柵設置はこのような状態の場所に設置するのが理想的である。優占種はマルバダケブキで，バイケイソウ・ホソバトリカブト・シシウドが混生していた。この状態は，亜高山帯においてシカの攪乱を受けた高茎草本植物

群落と類似している．下位草本層はスゲ属植物が極めて高い密度で生育していて，その周辺には芝生状になったスゲ属植物の群落が広く分布していた．植生調査から，1980年前後ではミヤマキンポウゲとシナノキンバイが各々被度・群度が5・2，3・2であったが，2005年にはマルバダケブキが5・4で優占し，前述の2者は小型化してわずかに存在している状態であった．現在この草原にはシカ柵が設置されているが，設置時には植物群落Ⅱを対象に行われた．

また，東側の面にはシカの踏圧によって生じると思われる裸地化した階段状の地形および不完全ではあるがアースハンモック状の地形がみられた．このような場所は，シカ柵を設置しても復元の可能性は低いものと考えられた．

高山帯におけるシカの季節的移動経路

高山帯の地形的な特徴は急傾斜地が多く，かつ岩場が多いことである．また遅くまで雪が残り，シカが峠を越えて移動するには不利な条件である．このような過酷と思われる山岳地域にどのような経路でシカは移動しているのか，泉山（2008）などにより，その一部が明らかにされた．高山に出現するシカの行動追跡にはVHF発信器を使用して移動ルートの把握を行った．その後GPS型電波発信器を用い，南アルプス北部におけるシカの移動ルートを詳細に解明した．以下は泉山ほか（2013）の報告から抜粋（一部改変）して示す．

1. シカの移動のパターンは，狭い地域での（集中した利用）→（移動）→（集中した利用）→（移動），のパターンを繰り返している．また，このパターンは，個体によってそれぞれ異なることがわかった．
2. 夏期の行動圏への移動は，南アルプス山麓においての生息密度の増加に起因していると考えられる．シカにとっての採食条件が悪化した，高密度に生息する地域からより採食条件の良好な低密度に生息する地域を求めて行動を繰り返した結果が，亜高山帯上部や高山帯にまで進出した理由と考えられる．
3. 亜高山帯上部から高山帯まで進出している個体は，冬期にはすべて1,800 m以下の山地帯の落葉広葉樹林より下部まで移動して越冬していた．南北に長大な南アルプスは，広く亜高山帯下部の常緑針葉樹林が発達している．このため，シカは東西を横断する個体の移動距離が直線距離で

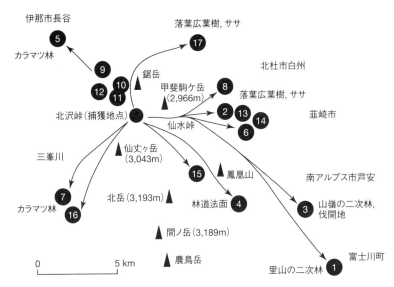

図4 北沢峠で捕獲したシカ個体の越冬地の位置（泉山2008，泉山ほか2013）
●中の数字は個体番号。個体の越冬地はそれぞれ異なり，それに従い越冬環境も大きく異なっている。

20 km程度にあるのに比べ，南北を移動する個体では30 kmを越え，移動ルートにより季節移動の距離が左右されていると考えられた。

4. 途中の経由地は，休息のためだけではなく，夏期の行動圏から越冬地までに移動するための重要な拠点と位置づけることができる。長大な移動のための拠点としては，林道法面や治山事業箇所が重要な生息地となっている。大きな季節移動を支える要件として，採食条件が良好な拠点が各所に存在することが必要であると思われる。

5. 主に北岳北部の北沢峠周辺で生体捕獲して，発信器を装着して放獣した追跡個体は，秋期にそれぞれの個体の越冬地に向けて大きく移動した（図4）。移動ルートは急傾斜な岩場などを回避し，仙水峠，野呂川越，鋸岳の北西側，北沢峠など，移動が容易な箇所を選択して通過していることがわかった。移動ルートには，南アルプススーパー林道などの林道が良く利用されていた。

6. 行動追跡個体の，越冬地から夏期の行動圏への春期の移動は，6月に認められた。この移動は，30日ほどの長期間にわたり，標高差，移動距離とも，きわめて長大な移動であった。春期の移動は，植物の生長が始まり芽吹き

が低標高地から高標高地に向けての展葉前線の上昇に合わせて引き起こされ，これまでに実施してきた個体の行動追跡結果と同じ移動パターンであった。

7. 行動追跡個体により，利用する期間に差が認められるが，6月上旬から10月上旬までの夏期間に，シカは亜高山帯上部から高山帯にいたるお花畑などの高山環境を利用した。シカによる稀少な高山植物群落の過度な採食が認められる箇所は，亜高山帯上部のダケカンバ林や高茎草原（高山植物群落）の草本群落である。夏期の利用環境である，主稜線に到達した後は，大きな移動は認められなかった。周辺での高山環境の利用は，9月まで続いた。個体の定位位置はダケカンバ林，高茎草原に集中していた。

追跡個体はおおよそ 2,400 m から 2,700 m の標高帯を利用していた。この地域の植生は，高山多年生草本群落（雪田草原，シナノキンバイ-ミヤマキンポウゲ群団），亜高山帯上部の高茎草本群落（ミドリユキザサ-ダケカンバ群団）であり，消失が危惧される南アルプス有数の稀少な高山植物群落である。各個体の採食物は，これらの草本類であることが採食痕から確認できる。

8. 10月に入り，亜高山帯上部より上部では草本類は枯死し，降雪も重なり，シカは越冬地へ向けての秋期の移動が引き起こされると考えられる（泉山 2008）。しかし北沢峠（2,030 m）を越える南アルプススーパー林道周辺，薮沢源流の治山事業によって造られた法面には冬期にもすぐには枯れないイネ科牧草類やクローバ類などの採食物があり，シカにとっての絶好の採食場所を提供している。

このように，南アルプススーパー林道の林道法面緑化の進行が，シカの環境利用に深くかかわっていることがわかった。林道開設前の，もとの自然植生にはなかった栄養価の高い家畜の飼料として利用される牧草類の利用は，野生のシカの採食条件を著しく改善していると考えられる。

上述の8項目はシカの1年間の移動経路を明らかにしただけでなく，その理由を説明している。これを参考に亜高山帯・高山帯にシカ柵の設置を行うことが重要である。また，わな・銃による捕獲の際も，この結果は大いに参考にすべきである。

図5 北岳方式のシカ柵の様子
高さ約50 cmで，側面と上部にもネットを設置し，景観上の配慮もされている。

北岳のキタダケソウ群落におけるシカ柵の設置

　高山帯におけるシカ柵の設置には多くの困難が伴う。多くの場合，シカ柵の資材の移動にはヘリコプターを利用する。ヘリコプターの利用には多額の費用が必要であると同時に，運搬してもヘリポートと現地にかなりの距離がある場合が多い。このような場合は人力が必要となる。また，現地の設置作業は足場が悪く，かつ，高山植物に損傷を与えないために，特別な配慮が必要となる。

　高山では，冬期の積雪は一般的であるが，多量の場合は毎年初夏のシカ柵設置と秋期の撤去を繰り返さなければならない。

　シカだけでなくサルやイノシシなどの食圧または，景観上の問題点を配慮すると，高さ2 mのネットの設置では完全に目的を達成することはできない。そこで，北岳ではキタダケソウの保護のために，新たな形状の柵が考案された（図5）。その柵は，高さ約50 cmで側面と上面にもネットを設置している。このキタダケソウ保護のために考案された特異な北岳方式は，草本植物群落を保護するのに有効であることが証明された。したがって，今後高山帯ではこの方式が大いに採用されていくことと予測される。

シカ柵設置の優先順位とカール地形

　近年の気候の変化は高山植物に直接的，間接的に影響を与えている。温暖化現象のように，気温の上昇が進めば標高の低い位置から上がってきた植物によって高山植物の分布域は狭められてしまう。これまでも，何回かの氷期と間氷期を十数万年の間に経験し，高山植物の分布は拡大と縮小を繰り返し

てきた。縮小時代も高山植物はレフュージア（避難地）に避難し，生命をつないできた。この重要なレフュージアは，現在の日本列島ではどんなところが考えられるであろうか。その1つとして，高山の「カール*1 地形」とゴーロ帯*2 のような「岩塊地」があげられる。特にカール地形は，カール壁から崖錐，沖積錐，カール底までの多様な生育環境の避難地を提供し，それぞれの特徴的な地形に多くの高山植物が逃げ込むことができる。近い将来，自然の遺産となるであろう高山植物を保護し，保存してくれる貴重な立地である。このような立地は優先的かつ迅速にシカ柵設置を行わなければならない。

　高山におけるシカ柵設置は，その範囲が広大であるため，緊急性または重要性を考慮して，優先順位を決めて行わなければならない。南アルプスでは北沢峠周辺，仙丈ケ岳，馬ノ背周辺，北岳，三伏峠，塩見岳，聖平，茶臼岳でシカ柵設置を行っている。2010年度からは，まだ食圧がほとんど認められない，「北岳トラバース道のキタダケソウ群落」，「荒川三山のカール地形」，「荒川のお花畑」に優先的にシカ柵設置を行った。これらの柵は高山植物の遺伝子保存のためにも重要と考えられる。

参考文献

泉山 茂之 (2008) 南アルプス北部の亜高山帯に生息するニホンジカの季節的環境利用. 信州大学農学部 AFC 報告, 第6号, 25-31

泉山 茂之・瀧井 暁子・望月 敬史 (2013) ニホンジカの季節的環境利用と移動経路. 増沢 武弘, 塩沢 久仙 (編著) 南アルプス白峰三山の自然, 255-266. 南アルプス芦安山岳館, 山梨

梶 光一 (1993) シカが植生を変える―洞爺湖中島の例. 東 正剛・阿部 永・辻井 達一 (編) 生態学からみた北海道, 42-249. 北海道大学図書刊行会, 北海道

近田 文弘 (1981) 静岡県の植物群落 (静岡県の自然環境シリーズ). 第一法規出版, 東京

増沢 武弘, 冨田 美紀, 澤村 佐知子, 加藤 健一, 長谷川 裕彦 (2005) 南アルプス荒川三山に分布する高山植物群落と氷河地形. 静岡大学理学部研究報告, 39:11-19

増沢 武弘, 加藤 健一, 冨田 美紀, 名取 俊樹 (2007) 南アルプスの中部地域における草本植物. 群落の構造と変遷. 増沢武弘 (編) 南アルプスの自然, 169-179. 静岡県

Matsuda H, Kaji K, Uno H, Hirakawa H, Saitou T (1999) A management policy for sika

---

*1　カール：山岳氷河の存在した跡地。氷によりお椀状にえぐられた地形で，多くの高山植物が生き残っている場所。
*2　ゴーロ帯：大岩や石が広く堆積した面。

deer based on sex-specific hunting.Res.Popul.Ecol.,41:139-149.
松岡 憲知 (1982) 赤石山脈の稜線地形. 地理, 27:76-772
宮本 雅美, 梶 光一 (2003) エゾジカの樹皮食いを受けた森林はどのように変化したか—洞爺湖中島における 16 年間の森林の変化—. 森林保護, 292:25-28.
水野 一晴 (1984) 赤石山脈における「お花畑」の立地条件. 地理学評論, 57:384-402
水野 一晴 (1999) 高山植物と「お花畑」の科学. 古今書院, 東京
水野 一晴 (2001) 植生環境学—植物の生育環境の謎を解く—. 古今書院, 東京
元島 清人 (2009) ニホンジカ. 増沢 武弘 (編著) 高山植物学, 414-420. 共立出版, 東京
元島 清人・小池 芳正 ほか (2006) 平成 18 年度南アルプス保護林におけるシカ被害調査報告書. 中部森林管理局
長池 卓男 (2013) 白峰三山におけるニホンジカによる摂食の現状. 増沢 武弘, 塩沢 久仙 (編著) 南アルプス白峰三山の自然, 247-254. 南アルプス芦安山岳館, 山梨
清水 長正 (2002) 百名山の自然学—西日本編—. p.126, 古今書院, 東京
土 隆一 (1985) 静岡県の自然景観—その地形と地質— (静岡県の自然環境シリーズ). 第一法規出版, 東京
Uno H, Kaji K. (2000) Seasonal movements of female sika deer in cistern Hokkaido, Japan. Mammal Study, 25:45-57
矢部 恒晶 (1995) 野生動物の生息地管理に関する基礎的研究—知床半島における蝦夷ニホンジカの生息地利用形態と植生変化—. 北海道大学農学部演習林報告, 52:115-180

2.2.2 四国山地のササ草原とシカ

石川愼吾

剣山系稜線部におけるササ草原の被害の現状

　四国山地の稜線部には，広い範囲にわたってササ草原が広がっている。ササ草原の優占種は山系によって異なり，石鎚山系ではイブキザサが，剣山系ではミヤマクマザサが優占している。石鎚山系ではニホンジカの生息密度が低く，植生への被害はほとんど報告されていないものの，剣山系ではいたるところで大きな被害が顕在化している。最初に大きな変化があらわれたのは2007年で，韮生越（にろうごえ）からカヤハゲにかけての稜線部（図1）で大面積にわたってミヤマクマザサ群落が枯死しているのが発見された。

　2006年までは外観からはシカによる被害が分からなかったが，2007年になって突然見渡す限りのササの葉が枯れてしまった。その後すべての葉が落葉し，ササの稈も朽ち果てて白く堆積した稈の上を歩くと，ポキポキと乾いた音が響くという異様な光景が広がった（図1）。

　当初，その原因について，一斉開花の後に枯れたのだろうなどと取りざたされたが，ニホンジカの過剰な採食によるものであることが，三嶺（さんれい）の森をま

図1　カヤハゲの完全に枯死したササ草原
正方形のパッチはシカ柵の設置によって回復した植生

もるみんなの会*の調査によって明らかにされた。その後，カヤハゲより東に位置する中東山，平和丸などのササ草原にも大きな被害が発生しているのが認められるなど，被害は剣山系全体に拡大している。

ササ草原が枯死することによって表層土壌の流失が進行しており，やがて斜面の侵食から斜面崩壊につながっていく可能性がある。被害を軽減のための対策を立てるうえでも剣山系主要部分全域にわたってササ草原の被害状況を把握しておく必要がある。この状況を受けて，高知大学学生の堀澤凌甫が2012年9月から11月にかけて，綱附森から剣山にかけての約30 kmの主稜線を踏査し，ササ草原のシカによる被害状況の評価を行った。

ササ草原の被害状況を，葉の生残率に着目して以下の6段階（ランク）に区分した。①80％〜100％生残（食害軽微），②50〜80％生残，③30〜50％生残，④10〜30％生残，⑤10％未満が生残（全面枯死寸前），⑥生残率0％（全面枯死）。判定に際しては，調査地域内においてミヤマクマザサの稈30本を無作為に抽出して葉の生残率を評価し，その平均値をそれぞれの調査地域のランクとした。1つの調査地域は，地形と広がりから周囲の地域と区別できる範囲とし，面積は任意である。

踏査の結果の一部が口絵4-②であるが，稜線上に広く分布するササ草原が同じような状況で衰退しているのではなく，被害の強度には場所によって大きな差があることが見て取れる。このことは，今までにも言われてきたように，四国のように雪の少ないところに生息しているシカの行動範囲は比較的狭く（奥村2011），利用しやすい場所から徹底的に食べつくしてから別の場所に移動していく傾向がある，ということを示している。現在，被害強度が大きい地域に共通した特徴として，ササ草原に隣接した林地に比較的緩傾斜な部分があるが，そのような特徴を持った場所がすべて被害を受けているわけではない。今後，シカが集まりやすい植生や地形を検討していくことが，個体数調整を効率よく推進していくうえで必要であろう。

図2は剣山系全体でのササ草原の被害面積を，強度別に集計したものである。ランク1〜2の被害の軽微なササ草原が約7割を占めている。一方，ランク6の全面枯死したササ草原の割合は約7％である。ランク3〜5の強

---

*：剣山系のシカ食害問題の解決に向けて連携するNGOで，市民団体に高知県，四国森林管理局，環境省中国四国地方環境事務所，香美市など物部川流域自治体が加わって組織された。

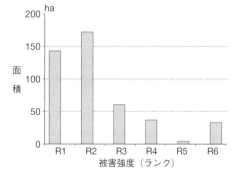

図2 被害強度別のササ草原の面積
ランクは被害の強度を示す。R1〜R2は軽微な被害，R3〜R4は強度な被害，R5は全面枯死寸前，R6は全面枯死

図3 ササ草原全面枯死の1年後2008年に設置したシカ柵
植生の回復は早く，ミヤマクマザサも復活した。

度の採食を受けて全面枯死予備軍と考えられるササ草原も2割を超えており，シカによるササ原への被害は確実に拡大していることが見て取れる。シカの個体数管理を行なわなければ，全面枯死に至るササ草原が，今後急激に増加するであろう。

シカ柵の設置とササ草原の回復

ニホンジカの食害に対してシカ柵が効果的なことは，日本全国のさまざまな場所で明らかにされてきた。剣山系の三嶺山域においても現在までに約50か所でシカ柵が設置された。図1のカヤハゲは，最も早くシカの被害が顕在化した場所であり，まず2008年に2か所でシカ柵が設置された（図3）。2009年には14か所で設置されたが，この設置時期の異なるシカ柵内の植生回復を比較調査したことで興味深い事実が明らかになった。

表1が植生調査結果であり，左から右に2008年5月に設置したシカ柵内

表1　2008年および2009年に設置したシカ柵内と柵外における草本層の種組成

表中の数字は被度（%）で，+は1%未満。

	2008年設置　シカ柵内										2009年設置 シカ柵内		
調査地番号	1	2	3	4	5	6	7	8	9	10	11	12	13
出現種数	19	16	23	12	21	14	21	20	15	19	16	20	14
ミヤマクマザサ	1		1	3	1	+	+	10	5	1			
ダケカンバ	+		1	+	+	2	1	7	+	3			
タラノキ	6	10	10		12		8						
テキリスゲ			+		40	4	15	2	7			+	
クマイチゴ		1					+			5			
ショウジョウスゲ	+	5			8								
ウド				1					3				
サルナシ					1			+					
コミネカエデ			+		+				+				
ツルアジサイ			+										
ミズ					+						+		
タンナサワフタギ							+						
クサイ											+	+	+
ニシキウツギ	+	5	30	+	5	2	15	5	2	5	2	2	2
イタドリ				5	2	15		5	5	15			
バライチゴ		30	+		2		5	30		+	+	15	2
ススキ	60	20	1	15	15	60	30	30	60	25	3	2	4
タカネオトギリ	2	2		+		+	2	5	5	8	1	3	1
ヤマスズメノヒエ	1	2	4	+	10				+			1	+
ヤマヤナギ	1	3	+	+			5	2	+		+	1	+
トゲアザミ						5	+	5	4	4			
イワヒメワラビ							+		+		+		
ヤマヌカボ	5	10	2	50			7	10	2	20	35	7	40
メアオスゲ	3				1	4	1	+		15	1		
リョウブ	2	5	1	1			+	+	+	+	1	1	+
フモトスミレ	1	1		1	1			1				+	+
フジイバラ				4			1	1			+		
ツルギミツバツツジ	+	+			+			+			+	+	
ヤシャブシ	+	+						+			+	+	1
ミヤマワラビ	+						+	+	+				
ベニドウダン		+	+					+			+	+	
マンネンスギ								+			+	+	
ヌカボシソウ	1					2	1						
コナスビ		1					+				1		
ノリウツギ				4	+							+	
タニソバ							2		+				
シシガシラ	+								1				
コヨウラクツツジ		1			2		+						
ヤマイヌワラビ						+							

2009年設置　シカ柵内							柵　　外								
14	15	16	17	18	19	20	21	22	23	24	25	26	27	28	29	30
29	16	18	9	12	18	13	14	17	10	16	16	14	19	12	13	12
												+				
	+							+								
				2												
+																
1																
+	+															
+		+														
+	1			+												
+																
1	+	1		+	1	1				+	1		+	+		+
+		3	1	1	15	10						+	+	+	+	+
1	1				+		1	1	3							
+		10	4	2	6	3	+	+	+	+		1	+	+	+	+
2		3	+	8	+	7	+	+	+	+	+	+	+	+	+	+
1	+	1	1	1	2	8	+	1		+	+	+	+	+	1	1
		1	+	+	1	+				+	+			+	+	
										+				2		60
			1				28			+		+	+			
12	+	2	50	4	2		50	1	50	25	35	60	+	8	+	+
2	+			3	+	2				+	5	+		+	+	5
+		3	1	+	1	+	+	+	+	1		+	+	1		
		5	+	10	2	2	+	1	4		1	+	+	+	+	2
+	1			+			+	+			+		+			
+	+				+	+				+	+	+	+			
+		+					+	+	+							
	+						3			+		+	+	+		
1		+		+						+	+					
		+					4	+		+			+			
20							+	+	+							
+	+				1					1						+
+			+							+				+		
+	+						2				+					
		+								+	+	+	+			
								+		+	+					
		+								+	+	+				

の調査区，2009年4月および5月に設置したシカ柵内の調査区，柵外の調査区の順番に配列してある。

設置後2年目の柵内にのみ出現し，設置後1年目の柵内および柵外にはほとんど出現しない種として，ミヤマクマザサ，ダケカンバ，タラノキ，テキリスゲなどがある。特にミヤマクマザサが2008年に設置した柵内にだけ出現している事実は，ササ草原の保全と回復の観点からも注目に値する。2007年に大規模な枯死が起き，その1年後の2008年に設置した柵では徐々に回復している一方で，2009年に設置した柵内ではほとんど回復していない。このことは，ミヤマクマザサにとって，地上部が大規模に枯死した後，1年以内であれば回復できることを意味している。逆に枯死後2年を経過してしまった場合には，回復の可能性が著しく低下してしまうということである。ミヤマクマザサは地上部が枯死した後も地下茎に蓄えた物質を使って新しいシュートを出し続けるが，それをことごとくシカに食べられてしまうと，蓄えを使い切ってしまい，完全枯死に至るものと思われる（石川2011）。今後，ミヤマクマザサ群落がシカの食害を受けた時の対策を立てるうえで，この事実は極めて重要である。

稜線部のミヤマクマザサ群落は斜面を安定化させ，斜面崩壊を防止する役割を担っている。斜面の崩壊を未然に防ぐためには，ミヤマクマザサが完全に枯死しないようにシカの個体数調整を行う必要があるということである。被害の程度が大きい場所では，集中的にシカの個体数を減らす努力をしなくてはならないし，シカ柵の設置も適切に行わなくてはならない。もし，完全枯死してしまい，1年以内にシカ柵の設置も行われなかった場合には，隣接地から地下茎の移植を行って群落の回復を図る必要が生じ，植生回復作業がより困難になる。

幸いにして，カヤハゲではシカ柵の設置が速やかに行われたことによって，一部ではあってもミヤマクマザサが生き残った。将来，シカの個体数調整が成功して適正な密度に戻れば，生き残った場所からササ草原が回復するであろう。

ササ草原が消失したあとの植生変化

もう1つ興味深かったのは，ササ草原が消失したことによって，植生の急激な変化が見られたことである。表1で柵外でも高い被度で出現している

図4　トゲアザミ群落

図5　タカネオトギリ群落

図6　ウマスギゴケのパッチ

種は，シカの不嗜好植物あるいは採食に耐性のある種である。前者の代表種がイワヒメワラビであり，この種は四国山地に限らず多くのシカの食害跡地で広がっているシダ植物である（石田ほか2008）。四国山地特有の種としては，トゲアザミ（図4），タカネオトギリ（図5）などがあり，最近これらの優占する群落面積の増加が著しい。さらに，ウマスギゴケ（図6）など多くの蘚苔類も広がりを見せている。コケの仲間は，裸地に真っ先に侵入できるものが多く，そのコケの群落を足掛かりにして定着する植物も多い。四国山地の東部は強い雨が降る頻度が高く，裸地に侵入した植物の実生が雨によって流されてしまうことが多いが，コケの群落の存在がそれを防いでくれている。

　後者の採食に耐性がある植物の代表的な種としては，イネ科のヤマヌカボとカヤツリグサ科のメアオスゲがある。両種とも生長点が低く，シカに食べられてもダメージを受けることが少ない。多数の種子によって裸地に素早く侵入し，どんどん分げつするので，シカの採食圧が高くても，芝生のように群落を拡大することができる。特にヤマヌカボの拡大速度は驚異的である。

　図7は，カヤハゲ南斜面におけるヤマヌカボ群落の拡大状況を，写真撮

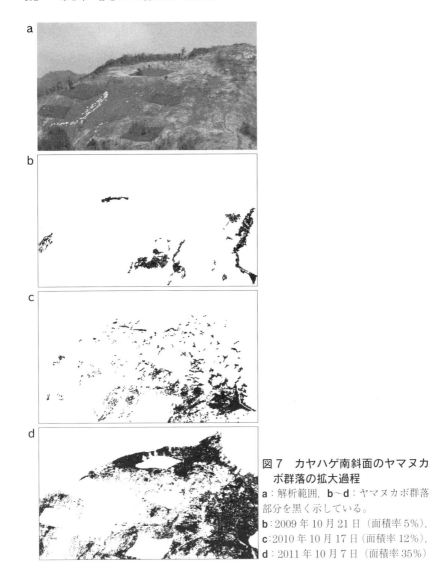

図7 カヤハゲ南斜面のヤマヌカボ群落の拡大過程
a：解析範囲，b〜d：ヤマヌカボ群落部分を黒く示している。
b：2009年10月21日（面積率5％），
c：2010年10月17日（面積率12％），
d：2011年10月7日（面積率35％）

影と現地調査によって経年的に追跡したものである。図7-aの白っぽく写っている部分がヤマヌカボ群落であり，図7-dと対応させると群落の広がりが確認できる。正方形に見える部分がシカ柵内の回復した植生で，1辺が25mである。ヤマヌカボ群落の占める面積率を測定したところ，図8-b〜dまで5％，12％，35％と急激に増加し，2009年10月から2011年10月ま

での2年間で7倍に拡大していた。ヤマヌカボは四国山地の稜線上の明るい場所で普通に見られる植物であり，特に登山道や頂上など人による踏圧を頻繁に受けているところで優占していることが多い。三嶺山域のカヤハゲから韮生越にかけて，ササ草原が枯死した後に，登山道沿いや明るい場所に生育していた小さな群落から急激に生育範囲を拡大した。その様子が図7-b～dの拡大経過から見てとれる。図7-dの中央部から左にかけて大きな空白地帯が広がっているが，この部分は登山道から最も離れており，ヤマヌカボ群落の侵入が遅れ，傾斜も急なことから表層土壌の流失が進行してしまった場所である。雨水の侵食によって形成された多くの溝が発達しており，侵食がこのまま進行していくと斜面の崩壊につながることが懸念されている。

ヤマヌカボによる裸地斜面緑化の試み

　登山道に近く，しかも傾斜がそれほど急でない場所では，自然にヤマヌカボ群落が拡大して裸地を被い，表層土壌の侵食を止めてくれる可能性が高い。このような場所では，私たちはただ自然の推移を見守っていればよい。しかし，前述のカヤハゲ南斜面中央部のように裸地の状態が長く続いたために土壌侵食が進んで深刻な状況に陥ってしまった場所では，何らかの手助けが必要になる。ヤマヌカボが三嶺山域稜線部の緑化植物として有望であるので，この種の種子生産量，発芽・休眠特性，生長特性などさまざまな生態学的特性を調査し，効率の良い利用方法を模索した。その結果，7月中旬に採取した種子を高温（30℃）湿潤状態で保存し，現地の最低気温が15℃を下回ることが多くなる9月になってから播種することが，実生の定着を促進するうえで効果的なことを見出した（中嶋ほか2011）。以下に，2011年秋に行った裸地の緑化の試みを紹介する。

　カヤハゲ南斜面中央部の侵食によってできた溝とその周辺に薦を張り（図8），竹のペグで固定した。ヤマヌカボは明るい場所を好むので，薦の中央部を鉈や剪定バサミで破り，部分的にではあるが，土壌表層まで日光が入るようにした。ヤマヌカボの種子は，薦の破った部分と，薦を敷いていない周囲の裸地や蘚苔類の群落上に播いた。播いた種子の総数は約25億個，播種した部分は約60 m × 50 m（約3,000 m²）なので，1 m²あたり平均約83万個を播種したことになる。2010年に柵外のヤマヌカボの種子生産量を調査したところ，芝生状に隙間なく発達した群落の場合には，約38万個/m²と推

図8 ガリーに沿って張られた菰

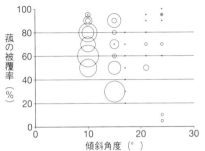

図9 傾斜角度（°）と菰による被覆率（%）に対する実生の定着数

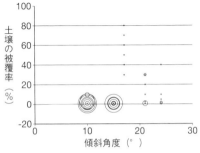

図10 傾斜角度（°）と土壌の被覆率（%）に対する実生の定着数

定された（中嶋ほか 2011）。今回の播種数は 1 m^2 あたり平均約83万個なので，自然状態の約2倍になる。

　傾斜角度の異なる菰を5つ選定し，ヤマヌカボの実生の定着状況を調査した。菰の中央部に $10 \text{ cm} \times 10 \text{ cm}$ の調査区を10個連続して設置し，実生数，菰による被覆率（%），蘚苔類の植被率（%），被り堆積した土壌の被覆率（%），傾斜角度を測定した。斜面上方から流されてきた土壌が種子を播いた菰の上に被さるように堆積しており，その堆積した面積割合を「被り堆積した土壌の被覆率」とした。この値が大きいほど定着した実生が埋められてしまう確率が高くなる。

　傾斜角度と菰による被覆率に対する定着した実生数を図9に，傾斜角度と被り堆積した土壌の被覆率に対する定着した実生数を図10に示す。図中の円の大きさが実生数の多少を示し，最大の円が60個体，点は0個体である。

図11 破った菰の間隙で定着したヤマヌカボの実生

調査区の傾斜角度は調査した菰ではほぼ同じなので、調査区は横軸に対して5か所に縦に配列された。傾斜の急な方形枠では実生の定着率は極めてわずかだったが、10°と15°の場所に設置した方形枠では、菰の被覆率に関係なく多くの実生の定着が確認できた。菰の被覆率と定着した実生数との間には強い相関はなかったが、これはヤマヌカボの実生がわずかな隙間に高密度で定着していたからである（図11）。傾斜の急な場所の方形枠では土壌の被覆率が高いところが多く、急傾斜地では表層土壌の移動が多いことが分かる（図9）。そのような場所では定着できた実生が極めて少ない。急傾斜地で実生の定着数が少ないのは、播かれた種子そのものが流失してしまった可能性が高いことに加え、発芽して定着できた実生が上方から移動してきた土壌によって埋没してしまった可能性も考えられる。

以上のように、2011年の秋に行ったヤマヌカボによる裸地の緑化は、十分な成果を上げることができなかった。菰を張らなかった場所でも、実生の定着状況を調査したが、確認できた実生は極めて少なく、ほとんどの種子は流失してしまったと考えられる。

その後、急傾斜地では、菰は土壌侵食の防止にはほとんど役に立たないことも分かってきた。菰が流されることも多く、流されなかった場合でも菰を敷いたところの土壌侵食は止まるものの、菰と菰の間に新しい侵食溝が発達してしまうのである（図12）。

この結果を受け、四国森林管理局が予算を確保して植生マットを購入し、2014年に斜面全体を覆うように敷設した（図13）。今後、マット敷設地の植生回復を促進するために、ヤマヌカボ、メアオスゲ、タカネオトギリなど

図 12　菰と菰の間に発達した侵食溝　　図 13　植生マット敷設作業

斜面緑化に有効な植物の播種を行う予定である。

引用文献

石田 弘明, 服部 保, 小舘 誓治, 黒田 有寿茂, 澤田 佳宏, 松村 俊和, 藤木 大介（2008）ニホンジカの強度採食下に発達するイワヒメワラビ群落の生態的特性とその緑化への応用. 保全生態学研究, 13:137-150.

石川 愼吾（2011）三嶺山域稜線部のササ原の枯死と再生を考える.（依光 良三 編）シカと日本の森林, 122-138, 築地書館, 東京

中嶋 宏心, 森本 梓紗, 石川 愼吾, 坂本 彰（2011）三嶺山域のササ原被害と再生対策 ―ヤマヌカボによる緑化の可能性―（依光 良三 編）どうまもる三嶺・剣山系の森と里―シカ被害対策を考えるシンポジウム（4）資料集, 15-21. 三嶺の森をまもるみんなの会, 高知

奥村 栄朗（2011）三本杭周辺のニホンジカによる天然林衰退.（依光 良三 編）シカと日本の森林, 139-158, 築地書館, 東京

2.2.3 湿原へのシカの影響

冨士田裕子

　1990年代までは，北海道の湿原で調査中にエゾシカに出くわすことは皆無に近かった。釧路湿原では，秋の夕暮，発情期のオスの甲高い鳴き声が聞こえたり，冬季調査時に凍った川の上を渡るエゾシカの群れをごく稀に見かける程度であった。それが2000年を過ぎた頃からであろうか。釧路湿原内はシカ道だらけになり，まるで耕した畑のごとき裸地が川沿いに形成され，昼間でも湿原内でエゾシカを見かけることが普通になった。本来はシカが好んで利用することがなかった湿原が，どうやら近年，彼らの生活の場に変わってきている。この現象はシカの急激な個体数の増加と関係している。本節ではシカの利用が湿原に及ぼす影響を紹介する。

湿原とシカ

　北海道にはニホンジカ（*Cervus nippon*）の亜種であるエゾシカ（*C. nippon yesoensis*）が生息している。その生息数は，明治初期の大雪と乱獲により絶滅寸前まで減少したが，戦後，個体数が徐々に回復し，1960年代から1980年代の牧草地増加，暖冬などにより，道東地域を中心に分布域の拡大と生息数の急増が起こっている（梶ほか 2006）。この爆発的な増加は全道規模に拡大し，今や農林業被害の増大や交通事故の増加に留まらず，北海道各地で植物群落の構造や種組成の変化をもたらしている。エゾシカの森林植生に及ぼす影響については数多くの研究がなされてきたが（2.1.1参照），湿原植生への影響については，報告がほとんどない。橘ほか（2001）による釧路湿原のキラコタン岬に近い高層湿原での，エゾシカによるハンモックの破壊や代償植生の成立に関するものが，おそらく最初の記述であろう。その後，冨士田ほか（2012），村松（2014），村松・冨士田（2015）などがあるのみである。

　一方，本州の湿原においては，ホンシュウジカ（*C. nippon centralis*）による影響について，複数の湿原で報告がなされている。尾瀬ヶ原では1995年

から食害が報告され（内藤・木村 1996），その後も植生攪乱状況等について継続報告がなされている。小金澤（1998）によれば，栃木県北西部から群馬県北東部のシカ個体群が 1980 年代後半から急激に増大したことにより，分布前線が尾瀬まで到達したとされる。

尾瀬地域に隣接する日光国立公園とその周辺では，尾瀬よりも早い 1990 年頃からシカによる植生への影響が顕在化し（長谷川 2008），日光地域内の湿原での影響が懸念されていた（長谷川 1994）。栃木県は，戦場ヶ原に隣接する小田代原（ミヤコザサやススキが優占する草原）に 1998 年シカ侵入防止のための電気柵を設置し，効果をあげた（長谷川 2008）。2001 年には環境省が，戦場ヶ原湿原およびその周辺地域（小田代原も含む）約 900 ha を取り囲む延長 14.8 km のシカ柵を設けた（番匠・雨宮 2010；環境省北関東地区自然保護事務所 2002）。

那須高原の沼原（沼ッ原）湿原では，1999 年以降 2005 年まではシカの生息が確認される程度だったものが，2006 年春にシカによるとみられるマユミの樹皮剥ぎ，2006 年以降のシカの目視確認回数の増加，その後の踏み荒らし，ニッコウキスゲ（ゼンテイカ）の花蕾の被食などが顕著になった（林 2011）。八ヶ岳中信高原国定公園内の霧ヶ峰では，1990 年代から草原でシカの姿を見ることが多くなったとされ，ニッコウキスゲの花芽が被食，湿原への入込みが見られるようになり，踊場湿原から八島ヶ原湿原のルートでもライトセンサスが実施されている（岸元ほか 2006）。京都府深泥池湿原に関しても採食状況と泥炭表面の攪乱の報告がある（辻野ほか 2007）。

昔からシカは湿原に低密度で出没していたが，湿原や湿原植生への影響が懸念されるようになったのは，シカの生息数が急増した 1990 年ごろからといえよう。

湿原でのシカの影響

シカによる湿原への影響や利用状況については以下のようにまとめることができる。

シカ道の形成

採食による影響以前から目につくのが，湿原内のシカ道である。村松（2014）は上サロベツ湿原の 2000 年から 2009 年までの 4 年代の空中写真からシカ道を判読した（図 1）。シカの生息密度が低い時期には，エゾシカは湿原内

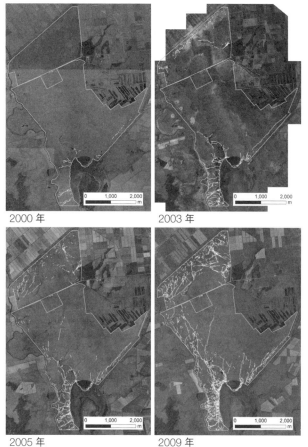

図1 上サロベツ湿原（サロベツ湿原のうち豊富町部分）におけるシカ道の分布（村松 2014 より）
湿原内の白線がシカ道

部をほとんど利用せず，特定の森林と森林を結ぶシカ道が見られるだけだったが，シカの目撃情報が増えたころから湿原周辺の森林と餌場（牧草地など）までの移動に湿原が利用されるようになり，森林周辺と排水路沿いの歩きやすい場所を中心に道が形成された。

一方，エゾシカの個体数増加が顕著な道東の釧路湿原では，シカ道は年々，増加・延長され，さらに湿原内の植物が餌として利用されるようになると，シカ道は縦横無尽に網目状に広がった（村松・冨士田 2015）。シカ道の増大は，踏みつけによる植被率の低下と湿原植物の衰退（村松 2014）を引き起こし，シカ道の交差点付近や道幅が1mを超えたシカ道は，もはや「道」ではなく裸地と化す。

図2 釧路湿原大島川沿いのエゾシカが形成したヌタ場 (2009年5月13日)

　湿原は足場が悪いうえに，道がないため，湿原内でのシカ密度の直接的な把握は難しい。尾瀬ヶ原の木道を使ったライトセンサス（自然環境研究センター 2002），霧ヶ峰八島ヶ原湿原入口でのスポットライト照射によるセンサス（岸元ほか 2006, 2010），釧路湿原を縦断する堤防道路を使ったライトセンサスなどの例はあるものの，一般に，湿原内で直接シカの個体数を把握することは困難である。

　また，湿原内におけるシカ出没頻度の分布を明らかにすることも保全上重要であるが，面的に把握するのはヘリコプター等によるセンサスや無人飛行機による撮影などを利用した場合以外は難しい。空中写真を使ったシカ道の時系列変化の解析は，有効な手段と言えよう。

ヌタ場・裸地の形成・微地形の破壊

　湿原内を流下する河川近傍や湿原内の水が排水される湿原縁辺部，池溏の周囲などには，ヌタ場やシカの過度の採食，踏圧で形成された裸地がしばしば見られる。釧路湿原では，低層湿原内の小河川の蛇行部内側に多数のヌタ場が形成され（図2），尾瀬ヶ原でもシカの繰り返しの採食や踏みつけ，掘り起し等により裸地が形成されている（内藤・木村 2000, 2002, 2004；Igarashi and Takatsuki 2008）。さらに攪乱された泥炭層から，降水で泥炭が流出し新たな流路が形成される事例も観察されている（内藤・木村 2004；Igarashi and Takatsuki 2008）。

　また，高層湿原には非常に長い時間をかけて形成された凸地のハンモックと凹地のホローがあるが（口絵4-③左），ハンモックがシカによって破壊されたり，泥炭層が攪乱を受けたりしている（村松・冨士田 2015；口絵4-③右）。

これらの微地形がひとたび破壊されると，数十年あるいは数百年経ても元に戻らない。ハンモックとホローは，土壌水分環境が異なることから，それぞれに特有の湿原植物の生育が見られる。このため，これらの微地形の破壊は，湿原植物の生育環境をも大きく変えてしまう。シカが何を目的に，高層湿原でハンモックを破壊するのか，現時点では理由がわからない。湿原内でのシカの行動の解明と対策の検討が必要であろう。

採食*

シカは湿原においても，嗜好性の高い植物から採食する（文献は後述）。尾瀬ヶ原でシカによる植生攪乱が発生した場所は，ミツガシワの優占する群落が中心であった（内藤・木村 2000, 2002, 2004）。深泥池湿原でもミツガシワが選択的に採食されている（辻野ほか 2007）。また，ニッコウキスゲやユウスゲなどのワスレグサ属の花芽や花茎，葉身，ギボウシ属，カキツバタ，ノハナショウブ，アヤメなどのアヤメ属植物，クロミノウグイスカグラ，サワギキョウ，リュウキンカ，ドクゼリ，ヤマドリゼンマイなども選択的に採食される。またヌマガヤ，チゴザサ，ヨシなどのイネ科，オオアゼスゲ，ヤチカワズスゲ，ヤチスゲ，ヤラメスゲなどのカヤツリグサ科の植物も好んで採食する。

植物群落の変化

シカによる採食，踏みつけ，微地形の破壊などが繰り返されたり，強く働いたりすると，植生の変化が起こる。ミツガシワ群落が採食・攪乱され形成された尾瀬ヶ原の湿潤地の裸地には，先駆種としてクロイヌノヒゲが侵入するのが特徴である（内藤・木村 2004；内藤ほか 2007）。釧路湿原の河川脇のヨシ - ヤラメスゲ群落やヨシ - イワノガリヤス群落が，採食や踏みつけ等で

---

*採食に関する引用文献を以下にまとめる。
ミツガシワ（内藤・木村 2000, 2002, 2004, 辻野ほか 2007）；ワスレグサ属（林 2011, 木村・高橋 2014, 木村・吉田 2010, 尾関・岸元 2009, サロベツ・エコ・ネットワーク 2012, 辻井 2011）；ギボウシ属（村松・冨士田 2015, 斎藤ほか 2006, サロベツ・エコ・ネットワーク 2012），アヤメ属（長谷川 2008, 内藤・木村 2000, 辻野ほか 2007）；クロミノウグイスカグラ（長谷川 2008, プラトー研究所 2010）；サワギキョウ，リュウキンカ，ドクゼリ（斎藤ほか 2006）；ヤマドリゼンマイ（長谷川 2008, 自然環境研究センター 2001）；ヌマガヤ（松崎・松井 2002, 内藤・木村 2000, プラトー研究所 2010, 自然環境研究センター 2001）；チゴザサ（辻野ほか 2007）；ヨシ（村松 2014, 村松・冨士田 2015, プラトー研究所 2010）；オオアゼスゲ，ヤチカワズスゲ，ヤチスゲ（松崎・松井 2002, プラトー研究所 2010）；ヤラメスゲ（冨士田ほか 2012）

裸地化すると特異的にヤナギタデ群落が形成され，ヤナギタデ，ミゾソバ，ミズハコベ，オオバタネツケバナ，耕地雑草のスカシタゴボウ，キツネノボタンなどが出現した（冨士田ほか2012）。

また，釧路湿原の高層湿原内の踏圧の激しいシカ道や裸地では，カラフトホシクサやエゾホシクサが高頻度・高被度で見られ，ハリコウガイゼキショウ，モウセンゴケなども出現する（村松・冨士田2015）。戦場ヶ原湿原でも，シカの踏圧による攪乱が原因と考えられるイトイヌノヒゲ-クロイヌノヒゲ群落が見られる（地域環境計画2011）。このように，シカによる攪乱で泥ねい化した裸地には，一年生草本が優占する先駆的な代償植生が形成される。

一方，攪乱跡地の植生変化を継続的に調査した例として，戦場ヶ原（1976年のベルトトランセクト調査（久保田ほか1978）の調査ラインでの追跡調査（自然環境研究センター2001，2003；地域環境計画2011））や尾瀬ヶ原が挙げられる。尾瀬ヶ原では，湿潤な攪乱地でクロイヌノヒゲの優占・増加が続き，攪乱から4，5年目で方形区全体を覆うほどになったが，その後衰退し，代わってミヤマイヌノハナヒゲの増加・安定が観察された（内藤ほか2007，2010）。また，2003年にシカの攪乱で泥炭が深さ20 cmほど掘り返された場所では，7種の植物がごくわずか残存していたが，3年後にはシカクイが攪乱調査方形区を全面覆い，その後，他の種も優占度を増加させ，2009年には構成種は9種となり，そのうちアブラガヤ，シカクイ，ヌマガヤ，ワレモコウ，ミタケスゲ，ヤチカワズスゲ，ホタルイで開花結実が見られた（内藤ほか2010）。内藤ほか（2007）は，尾瀬ヶ原での複数個所での植生継続調査結果から，シカによる攪乱後の植生回復ではクロイヌノヒゲ，シカクイがパイオニアとなり，それらの勢力が弱まってくるとともにミヤマイヌノハナヒゲが侵入，その後ヌマガヤ-ミズゴケ類群落への遷移が進行すると予測しているが，シカによる攪乱跡地の植生回復には長い時間がかかるであろうと述べている。

湿原のシカ柵の効果と問題点

湿原内は足場が悪いうえ，シカ柵の機材運搬に使う道がないし，融雪期や大雨時の洪水などにより工作物が流される危険性が高い。また，多雪地域では雪圧による柵の変形や破損で頻繁なメンテナンスが必要だし，積雪のある早春期には柵内へシカが侵入しやすい。さらに，柵設置のため湿原内に人が

入り込むことで湿原に多大な負荷をかけるなど，湿原内でのシカ柵設置には問題が多い。そのため，湿原内でのシカ柵は，小規模なものが数例見られるのみである。

　一方，シカの湿原への侵入経路を絶つために，湿原の外側（周辺部）に柵を設置した例は複数見られる。霧ヶ峰高原の八島ヶ原湿原の東側に試験的に簡易電気柵が2008年7月15日から11月5日まで設置されたが，線形であったため，シカに迂回され侵入防止の効果はなかった（瀧井ほか2013）。尾瀬国立公園では，2012年に背中アブリ田代の一部，猫又川沿いに線形のシカ柵が設置されたが，柵の末端である川の上，下流部からの往来が観察されている（斎藤ほか2014）。群馬県によると，このシカ柵は，効果が薄く，柵周辺での踏みつけもひどいことから2012年度中に撤去された。一方，環境省は，残雪期に周辺地域の越冬地から尾瀬地域に季節移動してくるシカを効果的に捕獲するため，移動経路を遮断する形で大清水周辺に総延長約5.2 km，高さ2.4 mの柵を2008年に設置した。関東地方環境事務所によれば，現在もこのシカ柵は活用されているが，シカは柵を迂回することを学習するため，柵の設置効果を上げるための対策が試行錯誤されている。このように，湿原の外側に設置する線形のシカ柵は十分に効果を上げていない例が多い。

　それならば，湿原をまるごと囲ってしまおうということで，2001年，環境省は戦場ヶ原とその周辺を囲うシカ柵を設置した。その総延長は約15 kmで，道路や河川などを横断するため，河川（2か所），道路（5か所）など7ヵ所の開放部が存在し，この開放部以外の場所からも柵内へのシカの侵入が可能だったため，結果として柵内に多くのシカが生息する状態が続いた（環境省北関東地区自然保護事務所2002，図3）。

　番匠（2013）は，報告書や明治期からの戦場ヶ原の文献から，保全意識と保全対策の変遷を検討している。それによれば，柵設置当初は，湿原の植生回復状況の調査が行われ，柵設置後1～2年は回復傾向が確認されたが，2004～2005年頃には回復がほとんど見られなくなった。これは，柵内に100頭以上のシカがいたからとされる。植生の回復傾向がみられないことから，植生のモニタリング調査は2005年で一旦打ち切られ，かわって，2006年からは開放部からのシカ侵入防止対策が実施されている。その結果，2009年再開された植生調査では，シカ踏圧による新たな裸地の発生や，攪乱跡地での先駆性の一年生草本の繁茂が見られたものの，ヌマガヤやオオア

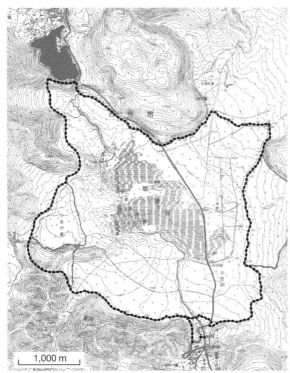

図3 戦場ヶ原湿原のシカ柵の位置（環境省日光自然環境事務所提供）
図中の点線がシカ柵を示す

ゼスゲ，ツルコケモモなどが増加して植被率の上昇が確認された（プラトー研究所 2010）。さらに2013年の調査では，ミズゴケの被度上昇や種組成の変化などが見られ，順調に植生が回復している（環境省関東地方環境事務所，アイ・ディー・エー 2014）。

　戦場ヶ原を取り囲むシカ柵をめぐる一連の経緯から，番匠（2013）は，調査と対策の連携の重要性，対策に工夫を加えるプロセスの必要性，柵の管理の継続などが重要であると指摘している。また，環境省北関東地区自然保護事務所（2002）によれば，シカ柵の設置には地権者との調整や測量，事業期間，利用者の意見収集，柵の構造の検討など，様々なハードルがある。また，設置後は，追加的な対策や調査の実施，柵の管理に多くの労力が必要である。このように，湿原を取り囲むシカ柵の運用には，長期的な資金の確保と定期的な点検や補修，モニタリング結果等の検討による順応的対応が不可欠である。

湿原にまで進出したシカ

　湿原は見通しがよいことから，シカのような大型の野生動物にとって，本来，緊張を強いられる場所である．森林や森林に隣接する草原などが生息地であるシカが，湿原にまで進出し，湿原植生や湿原の微地形を破壊している現状は，さまざまな理由でシカの個体数がキャパシティを越えて増大した結果である．バランスの取れていた湿原生態系が，在来の動物によってアンバランスな状態に変化していることは，日本の自然環境や人の暮らし方に対する警告なのかもしれない．

引用文献

番匠 克二 (2013) 日光国立公園戦場ヶ原湿原における保全意識と保全対策の変遷. 東京大学農学部演習林報告, 128:21-85

番匠 克二, 雨宮 俊 (2010) 日光国立公園戦場ヶ原湿原におけるシカ対策の変遷に関する研究. ランドスケープ研究, 73:509-512

地域環境計画 (2011) 平成22年度戦場ヶ原植生復元施設植生調査業務報告書. 環境省関東地方環境事務所, さいたま市

冨士田 裕子, 髙田 雅之, 村松 弘規, 橋田 金重 (2012) 釧路湿原大島川周辺におけるエゾシカ生息痕跡の分布特性と時系列変化および植生への影響. 日本生態学会誌, 62:143-153

長谷川 順一 (1994) 鹿により荒廃する日光の自然. フロラ栃木, 3:1-10, 口絵カラー写真付

長谷川 順一 (2008) 栃木県の自然の変貌 自然の保護はこれでよいのか. 自費出版, 宇都宮市

林 光武 (2011) 那須山地沼原湿原におけるニホンジカ *Cervus nippon* およびイノシシ *Sus scrofa* の確認記録（2007-2010年）. 栃木県立博物館研究紀要 自然, 28:29-34

Igarashi T, Takatsuki S. (2008) Effects of defoliation and digging caused by sika deer on the Oze mires of central Japan. Biosphere Conservation, 9:9-16

梶 光一, 宮木 雅美, 宇野 裕之 (2006) エゾシカの保全と管理. 北海道大学出版会, 札幌

環境省関東地方環境事務所, アイ・ディー・エー (2014) 平成25年度日光国立公園戦場ヶ原植生復元施設モニタリング（植物群落，鳥類，チョウ類）調査業務報告書. 環境省関東地方環境事務所, さいたま市

環境省北関東地区自然保護事務所 (2002) 戦場ヶ原シカ侵入防止柵の計画, 実行, 管理について. 国立公園, 602:10-17

木村 勝彦, 髙橋 啓樹 (2014) 大江湿原におけるニッコウキスゲへのシカ食害の影響. 尾瀬の保護と復元, 31:41-48

木村 勝彦, 吉田 和樹 (2010) 尾瀬大江湿原のニッコウキスゲへのシカ食害の影響. 尾瀬の保護と復元, 29:69-79

岸元 良輔, 三井 健一, 須賀 聡 (2006) 霧ヶ峰におけるニホンジカのライトセンサス. 長野県環境保全研究所研究プロジェクト成果報告, 4:43-46

岸元 良輔, 逢沢 浩明, 吉岡 麻美, 石田 康之, 三井 健一, 須賀 聡 (2010) 霧ヶ峰におけるニホンジカ Cervus nippon のライトセンサス調査による個体数変動. 長野県環境保全研究所研究報告, 6:13-16

久保田 秀夫, 松田 行雄, 波田 善夫 (1978) 日光戦場ヶ原湿原の植物. 栃木県林務観光部環境観光課, 宇都宮市

小金澤 正昭 (1998) 県境を越えるシカの保護管理と尾瀬の生態系保全. 林業技術, 680:19-22

松崎 泰憲, 松井 孝子 (2002) 戦場ヶ原シカ侵入防止柵モニタリング調査—植生モニタリングの計画と検証について—. PREC study report, 8:100-107

村松 弘規 (2014) 湿原のエゾシカ. (冨士田 裕子 編著) サロベツ湿原と稚咲内砂丘林帯湖沼群—その構造と変化, 129-133. 北海道大学出版会, 札幌

村松 弘規, 冨士田 裕子 (2015) エゾシカが釧路湿原の高層湿原植生に及ぼす影響. 植生学会誌, 32:1-15

内藤 俊彦, 木村 吉幸 (1996) 尾瀬のニホンジカについて. 尾瀬の保護と復元, 22:89-94

内藤 俊彦, 木村 吉幸 (2000) 福島県域尾瀬におけるニホンジカの植生攪乱状況—平成11年度調査結果—. 尾瀬の保護と復元, 24:33-43

内藤 俊彦, 木村 吉幸 (2002) 福島県域尾瀬におけるニホンジカの植生攪乱状況—平成12・13年 (2000・2001) 調査結果—. 尾瀬の保護と復元, 25:77-100

内藤 俊彦, 木村 吉幸 (2004) 福島県域尾瀬におけるニホンジカの植生攪乱状況—平成14・15年 (2002・2003) 調査結果—. 尾瀬の保護と復元, 26:57-78

内藤 俊彦, 木村 吉幸, 濱口 絵夢 (2007) ニホンジカによる植生攪乱とその回復. (尾瀬の保護と復元 (特別号) 編集委員会 編) 尾瀬の保護と復元 (特別号), 205-233, 福島県生活環境部自然保護グループ, 福島市

内藤 俊彦, 木村 吉幸, 菅原 宏理 (2010) 尾瀬地域におけるニホンジカの植生攪乱状況—平成20・21年 (2008・2009) の調査結果—. 尾瀬の保護と復元, 29:39-55

尾関 雅章, 岸元 良輔 (2009) 霧ヶ峰におけるニホンジカによる植生への影響：ニッコウキスゲ・ユウスゲの被食圧. 長野県環境保全研究所研究報告, 5:21-25

プラトー研究所 (2010) 平成21年度戦場ヶ原植生復元施設モニタリング (植生) 調査業務報告書. 環境省関東地方環境事務所, さいたま市

斎藤 晋, 片山 満秋, 峰村 宏 (2006) 尾瀬の大形哺乳類Ⅲ山ノ鼻, 背中アブリ田代ほかのニホンジカの採食植物とニホンツキノワグマの生活痕など. 尾瀬の自然保護, 29:25-30

斎藤 晋, 峰村 宏, 高橋 あかね (2014) 尾瀬の大形哺乳類XI－ニホンジカによる湿原や湿原内の孤立林, 低木林, 池塘などの利用－. 尾瀬の自然保護, 36:27-31

サロベツ・エコ・ネットワーク (2012) 平成24年度サロベツ湿原エゾシカ食害調査業務報告書. 環境省北海道地方環境事務所, 札幌

自然環境研究センター (2001) 平成12年度湿原生態系の攪乱要因としての野生動物の管理に関する研究. 自然環境研究センター, 東京

自然環境研究センター (2002) 平成13年度湿原生態系の攪乱要因としての野生動物の管理に関する研究. 自然環境研究センター, 東京

自然環境研究センター (2003) 平成14年度湿原生態系の攪乱要因としての野生動物の管理に関する研究. 自然環境研究センター, 東京

橘 ヒサ子, 佐藤 雅俊, 新庄 久志 (2001) 釧路湿原キラコタン崎高層湿原の形状と植生. (奥

田重俊先生退官記念会 編）奥田重俊先生退官記念論文集「沖積地植生の研究」, 75-84. 奥田重俊先生退官記念会 横浜国立大学大学院環境情報研究院, 横浜

瀧井 暁子, 泉山 茂之, 奥村 忠誠, 望月 敬史 (2013) 長野県霧ヶ峰高原におけるニホンジカの草原の利用と電気柵の影響. 信州大学農学部 AFC 報告, 11:17-23

辻井 達一 (2011) 植物たちのワイズユーズ～植物をもっと活かすための知恵と技術～ 素材としての植物さまざま. 開発こうほう, 573:49-52

辻野 亮, 松井 淳, 丑丸 敦史, 瀬尾 明弘, 川瀬 大樹, 内橋 尚妙, 鈴木 健司, 高橋 淳子, 湯本 貴和, 竹門 康弘 (2007) 深泥池湿原へのニホンジカの侵入と植生に対する採食圧. 保全生態学研究, 12:20-27

第3章

シカ柵の効果を考える

扉写真：移動可能な柵とシカ（撮影／高槻成紀 1994年5月 宮城県金華山）

3.1 知床のシカ捕獲と柵と保護区の未来

松田裕之

知床世界遺産でシカを捕獲するのか

本書で明らかなように，シカの食害により自然植生が大きく損なわれた例は全国にある。知床世界遺産もその典型例の1つである。特に知床岬はシカの大規模越冬地であり（図1），森林部の植生は大きく損なわれ（図2），草原部の草丈も低くなり，2005年頃は多くの場所で膝の高さくらいしかなくなった。

知床岬は江戸時代には先住民が住んでいたとされ，シカは狩猟対象だった。縄文時代の遺跡からもシカの骨が出土している（辻野 2011）。しかし，明治時代以後に北海道全体でシカが乱獲と豪雪により激減し，知床半島からシカが局所絶滅または激減したと考えられる（Kaji et al. 2010）。その後1970年代にシカが再分布し，1980年代には草原となった知床岬はシカの越冬地の1つになった。

また，知床世界遺産の幌別-岩尾別（後述の図7）では，1960年代に開拓跡地の土地開発問題が起き，1977年に全国に先駆けて市民が土地を共有しての保全と原生林の再生を目指す「知床100平方メートル運動」というトラスト運動が始まった。1997年には森林再生専門委員会が20年間の運動方針をまとめ，かつてシカがいなくなった反省から，知床世界遺産では人為を

図1　上空から見た越冬期の知床岬先端部 (2006年2月)
草原部分に出てきているエゾシカが点々と見えた。先端部には約500頭以上のシカがいた。

図2 知床岬の森林部の林床
(知床世界自然遺産地域科学委員会シカWG 2012年6月20日資料1-6[*1]より)
海岸部を除いて，トドマツが多く混交する森林で，稚樹はほとんどみられない。林床はほぼササ類を欠いており，ミミコウモリ・シラネワラビ・ゴンゲンスゲなどの不嗜好性植物が広く覆っている。

極力排して「自然の遷移に委ねる」ことがこの運動の基本方針とされた。

2005年の世界遺産登録後，知床世界自然遺産地域科学委員会において，シカの個体数は自然状態では必ずしも定常状態になく変動するという点では認識が一致していた。しかし，現在見られている植生への影響は過去にも生じたことがあり，生態系過程に含まれるという意見と，放置すれば過去には見られなかったシカによる植生への不可逆的な悪影響が避けられないという意見があり，論争が起きた。過去の土壌中の花粉量を分析し，過去200年以内では現在の花粉量が最も少ないことがわかり，現在のシカの食害がこの期間で最大であることが示唆された。しかし，過去2000年間の花粉分析は情報が不足し，結論が出なかった。

その時の科学委員会では，放置してもよいのに個体数調整した場合の過ちと，放置すべきでないのに静観した場合の過ちのどちらを避けるべきかが論点となり，予防原則の立場から，前者を避けるべきということで合意した。その見解をトラスト運動の森林専門委員会でも検討した結果，トラスト運動も方針を見直すことで合意した。

予防的順応的管理としての「密度操作実験」

自然植生への不可逆的な影響があるかもしれないシカを予防原則に基づいて捕獲することは，2008年のユネスコと国際自然保護連合の視察団にも説明し，シカの個体数調整による自然植生への影響を監視することを条件に了承された（松田2008）。世界遺産の最奥部である知床岬，トラスト運動地を

[*1]: http://dc.shiretoko-whc.com/meeting/ezoshika_wg/h25_01.html（2015年5月19日確認）

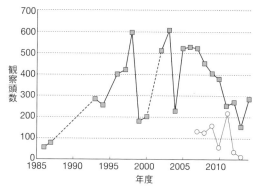

図3　知床岬のシカ観察頭数の推移（Kaji *et al* 2010 及び知床世界自然遺産地域科学委員会シカWG資料）
1986 年から 1998 年まで年率平均 21% で増えていたが，その後は崩壊と増加を繰り返し，2008 年から捕獲により減少に転じている。2011 年に捕獲のための大規模柵を設置した。
■— 観察頭数，○— 捕獲数

含む幌別－岩尾別，羅臼側のルサ－相泊（あいどまり），遺産地域に隣接する真鯉（まこい）地区の 4 つの主要な越冬地域のうち，最も個体数調整の効果が期待できる場所を比較検討し，まず，知床岬から個体数調整を実施することにした。

　これは効果を検証しつつ行う「密度操作実験」と位置付けられ，3 年間でシカ密度を半減することを目指した。初期には岬地域を柵で遮断することも検討されたが，季節海氷も接岸する海岸からのシカ侵入を阻むことは不可能であり，柵設置案を採用せず，2008 年度の越冬期からヘリコプターで狩猟部隊を送り込むことになった。行政側からは捕獲死体を回収すべきと命じられたが，死体は春に船で回収することになった。毎年 150 頭の雌成獣捕獲という目標は達せられなかったが，2011 年には密度を 2001 年の 213.8/km^2 からほぼ半減させることに成功し，2012 年度から 2016 年度までの第 2 期計画では 5/km^2 の密度を新たな目標とした。2013 年には 21.0/km^2 にまで減った（図 3，知床岬の生息地面積は約 323 ha）。これに呼応するように，草原部に高茎草本が増え始めた。各地のシカ柵実験で知られるように，シカの食害をなくしてもすぐに自然植生が元通りに復元するわけではない。短期的及び中長期的に検証可能な植生指標の検討も進めている。

　シカ密度が予想以上に減った理由は，捕獲だけではないかもしれない。シカの死体を狙ってヒグマが知床岬に出没し，幼獣を捕食し始めたことも一因と言われている。原因は不明だが，シカの子連れ率は岩尾別においても減少傾向にある（知床世界自然遺産地域科学委員会 2014 年 2 月 27 日資料 2-1[*2]）。

[*2]: http://dc.shiretoko-whc.com/meeting/kagaku_iinkai/h25_02.html（2015 年 5 月 19 日確認）

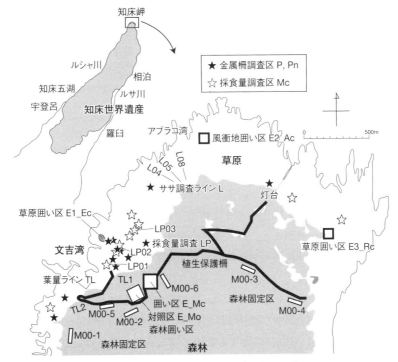

図4 知床岬の大規模柵,シカ柵とモニタリング調査区の位置(知床世界自然遺産地域科学委員会シカWG, 2014年7月12日資料3*[3]より)
シカは大規模柵を越えて岬先端部への移動できるが,個体数が減ったことにより植生の回復が見られる。

エゾオオカミに代わり,ヒグマがエゾシカの新たな天敵の役割を,部分的に果たし始めている。

知床における特異な柵の使い方

2011年までに知床岬のシカ密度が減ったのは,捕獲部隊を空路で送り込んだからである。それは毎年多大な予算を必要とした。この成果は十分得られたが,さらに効率的な捕獲のために,2011年に大規模柵を設置した(図4)。今度は空路でなく,海氷接岸時期を避けて船で捕獲部隊を送り込み,柵内に侵入していたシカを捕獲した。岬先端の草原部分を横断するように柵を設置

---

*3: http://dc.shiretoko-whc.com/meeting/ezoshika_wg/h26_01.html (2015年5月19日確認)

図5 大規模柵（2012年6月，著者撮影）クマが渡れる梯子が設けられている。このそばに捕獲用の櫓がある。

し，さらに東西を二分する柵も設置した。T字型の柵の要と西の端の部分に，シカを追い込むためのくびれた部分を2か所造った（図5）。2011年度には210頭のシカを捕獲し，シカ密度をさらに大きく減らすことに成功した。2012年度の捕獲数が少ないのは個体数が減ったからである。ただし，2013年度には海氷の接岸時期が長く，また柵外にとどまるシカが増えたために，捕獲数が減り，2014年には柵外も含めて再びシカが増加している（図3）。

このように，知床岬の大規模柵はシカを排除するためのものではなく，むしろシカを誘引して大量捕獲するための柵である。これは，2003年からこの地域でも設置を始めたシカ柵（図4）によるシカ不在の状態とは異なる。結果として，323 haの広大な部分でシカの密度操作を実現し，壮大な自然植生の回復実験を行うことができるようになった。さらに，その内外に以前から設置していたシカ柵の中と比べることで，植生回復とシカ密度の関係を詳しく分析することができるだろう。

言うまでもなく，シカ柵と捕獲のための囲い柵は目的が異なり，設備も異なってしかるべきである。シカ柵ならば侵入できないように頑丈に造り，注意深く維持管理する必要があるが，囲い柵は完全に遮断する必要はないはずである。当初，私は，囲い柵はずっと簡易なものでも効果があるはずだと主張した。しかし，できたものを見る限り，大台ヶ原にあるような大規模なシカ柵と大差ないようである。ただし，シカを追い込む窪みを造り，櫓を併設するのは捕獲目的である。

植生回復にはまだ時間がかかるが，2013年度までにもある程度の結果が得られる（図6）。ササの高さはシカ柵の中だけでなく，対照区でも過去のシカがいなかったころ同程度に回復している。さらに，2013年度には，今

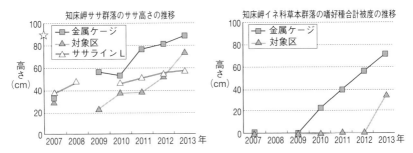

図6　知床岬の自然植生の推移（知床世界自然遺産地域科学委員会シカWG2014年7月12日資料3*3より）
左図の☆は過去の植生調査での値を示している。シカを排除した金属ケージ，シカを捕獲している大規模柵内の対照区とササ調査ラインの位置は図4に示されている。

まで見られなかったシカが好む嗜好性植物の被度も増えてきた。

自然保護区のシカ管理を通じて自然保護を問いなおす

2008年に遺産地域内で人為的な密度操作実験を行うときから大規模柵の設置は議論されたが，自然景観への影響も指摘された。野生のヒグマの生息地を徒歩で到達した知床岬に巨大な人為構造物があるのは，たしかに興ざめかもしれない。目障りな柵を造るよりも絶滅した上位捕食者のエゾオオカミ（*Canis lupus hattai*）に代わるタイリクオオカミ（*C. lupus lupus*）を導入すべきだという意見は，科学委員会メンバーにも複数の信奉者がいる。知床はイエローストーンと対比される（マッカローら2006）。けれども，知床世界遺産登録地の陸域面積は487 km^{2}であり，オオカミの1群れの行動圏としても狭いと言われる（米田2006）。

知床岬で密度操作実験が所期の目的を達したことを受けて，2010年度からルサ－相泊で大型囲い罠での捕獲が始まり，2011年度には幌別―岩尾別での捕獲が始まった。こうして，知床世界遺産地域とその隣接地域全体でシカの捕獲が進められている（口絵8-③）。まだ，この地域全体の個体数を調節できているかは不明だが，口絵8-③と図7に示されている観察頭数の合計は約2500頭であり（2013年のデータがないものは2012年の観察頭数を援用），同じ地域で2011年と2012年に合計2,692頭捕獲している。これ以外にもこの地域にシカはいるだろうが，今後同様の調査をして減り続ければ，半島全体の個体群調整の展望が拓けるだろう。ただし，ルサ－相泊は2年間

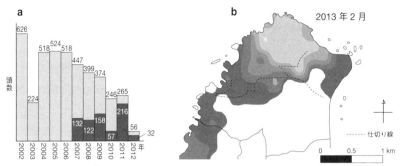

図7　知床岬のエゾシカ確認頭数，捕獲数（a）と個体数密度（b）（知床世界自然遺産地域科学委員会シカ WG2013 年 9 月 29 日資料 2-1 *[4] より）
a: 棒グラフは観察頭数（□，2002～2012 年）と捕獲数（■，2007～2012 年）を表す。
b: 灰色部分がシカの分布域。色が濃いほど密度が低い。

で 267 頭捕獲したにもかかわらず，観察頭数は 106 頭から 121 頭とむしろ増えている（口絵 8-③）。その理由として，ルシャとの移動の可能性が指摘されている。

しかし，「効果があること」と「必要であること」は別である。予防措置として始まった密度操作実験の必要性はまだ実証されたわけではない。主要越冬 4 地域に限っても，シカが到達できない急峻な断崖などに主要な植物がまとまって残されているなど，放置しても植生が不可逆的な影響を受けるとは限らない場所があるかもしれない。過去の花粉分析だけでは，不可逆性を検証するには限界がある。

見方を変えれば，個体数調整によりシカの密度を制御し，自然植生を維持することの可能性は，その必要性とは別に検証できるかもしれない。知床岬についで，幌別－岩尾別にも捕獲のための大規模柵が造られた。こちらは人間の足の便が良く，頻繁に利用できるだろう。ただし，2013 年度に知床岬の捕獲数が少なかったように，今後はシカも学習し，分布を変え，捕獲部隊が近づく前に避難するなど，今までのようには捕獲できなくなる可能性がある。

シカの個体数調整については，1998 年の北海道道東エゾシカ保護管理計画策定のころから，大きな議論があった（松田 2000）。当時の主な批判は，

＊ 3: http://dc.shiretoko-whc.com/data/meeting/ezoshika_wg/h25/shikawg_H2502_shiryo2-1.pdf（2015 年 6 月 15 日確認）

シカの個体数推定の不確実性が高いことによる失敗の懸念，今まで保護してきた野生鳥獣の大量捕殺に関する倫理的批判，復元能力があるはずの生態系を人為によって操作すること自体への批判があった。

個体数推定の不確実性については，むしろ過小推定の可能性を勘案した大量捕獲による短期解決を目指し，その後も個体数の増減を監視し続け，密度を減らした後では捕獲圧を調整するフィードバック管理を行うことを明記した。そして，1998年から2000年にかけて個体数を減らすことに成功したものの，予定ほどには減らなかったために，個体数を見直すことになった。このように，未実証の前提を用いて管理を実行しつつ監視を続け，状態変化に応じて方策を変え，前提を検証する管理を順応的管理という。エゾシカ保護管理計画は，順応的管理の先駆けとなった。

このような大量捕獲を，しかも知床岬のような不便な場所で行えた最大の理由は，世界遺産地域として，特別な予算が得やすかったからである。同時に，科学委員会で議論を尽くし，論点を整理してトラスト運動をはじめとする関係者の理解を得たことがあげられる。さらに，斜里町と羅臼町が出資する知床財団の存在が極めて大きい。彼らが多くのレンジャーを抱え，国立公園の管理に大きく寄与している。

科学的に丁寧な論点整理を行い，可能な限りのデータを集約し，関係者間の選択の自由を尊重しあうことこそが，世界遺産の管理を実施する大きな原動力となったと言えるかもしれない。

先に述べたように，最奥部の知床岬でさえ，かつて先住民が居住していた。シカは絶滅したオオカミだけでなく，先住民によっても捕獲され続けていたと考えられる。世界自然遺産の顕著で普遍的な価値を後世に遺すために，人為介入を避けることが常に正しいとは限らない。その生態系が成立する過程を理解し，それを維持管理することも重要である。

引用文献

Kaji K, Saitoh T, Uno H, Matsuda H, Yamamura K (2010) Adaptive management of a Sika deer population in Hokkaido, Japan: theory and practice. Population Ecology, 52:373-387

マッカロー RD, 梶 光一, 山中 正実 (2006) 世界自然遺産 知床とイエローストーン：野生をめぐる二つの国立公園の物語. 知床財団, 北海道

松田 裕之 (2008) 生態リスク学入門. 共立出版, 東京

松田 裕之 (2000) 環境生態学序説, 共立出版, 東京
辻野亮 (2011) 日本列島での人と自然のかかわりの歴史. (湯本貴和・矢原徹一・松田裕之編) 環境史とは何か (日本列島の三万五千年—人と自然の環境史 1), 33-51. 文一総合出版, 東京
米田 政明 (2006) 知床に再導入したオオカミを管理できるか. 知床博物館研究報告 27:1-8

3.2 シカ柵の有効性と限界

前迫ゆり・高槻成紀

はじめに

　環境省自然環境保全基礎調査によると，我が国におけるシカの分布域は1978年から2003年の25年間に約1.7倍に拡大し，シカは国土の約40％に生息する（環境省 2010）。一方，この間，シカの捕獲数は2万頭台（1960年代から1980年代半ば）から9倍の18万頭台（2004年）に増加している。林野庁によると，シカの捕獲数増大にもかかわらず，野生鳥獣による民有林と国有林の被害面積は9,000 ha，そのうちの65％がシカであり，獣害の第1位を占める。高密度化したシカ個体群の影響は農林業被害にとどまらない。森林だけでなく，海岸から高山にいたるさまざまな植生に大きなダメージを与え，シカの影響は日本の植生の約50％に及んでいる（植生学会 2011）。

　本書のテーマであるシカ柵は，一般的には被害防除の一環として設置されている。シカ柵はさほど広くない農地に対しては有効であるが，山全体を囲って植生を守ることは現実的にできない。ある程度の広さの森林を保護する試みは丹沢（2.1.3），芦生研究林（2.1.5），大台ヶ原（2.1.6）などでも行われているが，その実態は森林を保護するというよりも，シカの影響を実証的に明らかにする野外実験として機能している。

　本書で紹介されたように，シカ柵によってシカの採食影響を取り除くと，多くの場合，植物量が増え，木本類の生残率が高くなるといった変化がみられる。一方，長期継続調査により，シカ柵によって森林動態への複雑な影響も明らかになりつつある（2.1.7）。こうしたことを踏まえ，本章では改めてシカの植生への影響を俯瞰し，シカ柵の有効性と限界を整理したい。

シカの採食影響

　はじめにシカ柵に限定せず，シカの影響を整理しておきたい。シカの採食は基本的に脱葉（葉を奪うこと）であるから，植物はマイナスの影響を受け

て減少する。しかし，シカが食べない不嗜好植物は減少しない。シカが食べないことは増加にはつながらないのだが，植物群落を構成する植物同士は光獲得の熾烈な競争をしているから，それまで光を奪っていた大型植物がシカの採食で減少することが，不嗜好植物にはプラスに働くことになる。こうして不嗜好植物は競争相手である他の植物の減少によって増加する（1.3）。

　植生学会が2009〜2010年に実施したアンケート調査（植生学会 2011）では1,045分類群（基本的に種であるが，属レベルのものも含まれる）が不嗜好植物としてあげられていた（表1）。代表的な不嗜好植物に，アセビ，マツカゼソウ，イワヒメワラビ，シロヨメナなどがあるが，これらはいずれも植物体内に有毒物質あるいは草食獣が忌避する味や匂いなどの化学物質を含んでいる。このほかにも，サンショウやアザミ類のようにトゲをもって物理的に防衛する不嗜好植物もある。これらは採食影響が続くと，きわめて単純な組成をもつ優占群落を形成する。

　このアンケートには「嗜好植物」もあげている。アンケートでは回答者の判断にもとづいてシカが好んで食べる植物を取り上げているが，実はこの判断が意外にむずかしい。例えばシカが本当に好きで食べ尽くしてしまえば，食痕は残らないので観察されないことになる。逆に，あまり好まない植物でも，盆栽状になって生き延びる植物は食痕が目立つために，「嗜好植物」と判断されることがある。実際に表1に不嗜好植物としてとりあげられているヒサカキは，アンケートでは回答者によって嗜好植物としてもとりあげられている。また，このことを注意深く観察した研究者はシカがオシダを食べ残すために，シカの影響の強い場所でオシダが増加していることを知っているが，シカは春先の植物が乏しいときにオシダの若芽の先端部を食べることがあるために，生長したオシダには食痕が見られることが多い。このため，それを観察してオシダが嗜好植物だと判断されることがある。アザミ類でも同じ傾向がある。

　こうした判断がむずかしいのは，同じ場所でもシカの密度増加によって食物が乏しくなると，今まで食べなかった植物を食べるようになるといった変化が生じるという事実があるからである。金華山のススキはシカによく食べられ，減少してシバ群落に変化したが，1980年代の丹沢ではあまり食べられなかった。しかし現在では丹沢でもよく食べられる。

　また，同じシカが場所によって，ある植物をよく食べる場合と，あまり食

表1 植生学会 (2011) の 1,155 件のアンケートから算出した嗜好種と不嗜好種

不嗜好種は1,045分類群,嗜好種は632分類群のなかから,報告頻度が高い44種を記載した。激:シカの影響評価5段階中(なし〜激),影響が最も大きい群落における報告回数を示す。

不嗜好植物	生育型	頻度	激	嗜好植物	生育型	頻度	激
アセビ	低木型	55	12	アオキ	低木型	29	0
マツカゼソウ	分枝型	54	8	ヒサカキ	高木型	19	4
イワヒメワラビ	シダ型	41	9	リョウブ	高木型	17	1
シロダモ	高木型	29	3	ススキ	叢生型	13	2
シキミ	高木型	27	9	イヌツゲ	低木型	12	1
シロヨメナ	直立型	27	0	ネズミモチ	高木型	11	4
イズセンリョウ	低木型	25	5	オオカメノキ	高木型	10	0
フタリシズカ	直立型	24	2	オシダ	シダ型	9	1
オオバノイノモトソウ	シダ型	22	2	チシマアザミ	直立型	9	0
ダンドボロギク	直立型	20	2	ヤマアジサイ	低木型	9	0
バイケイソウ	直立型	19	4	コアカソ	分枝型	8	1
ウラジロ	シダ型	18	0	ハウチワカエデ	高木型	8	0
マルバダケブキ	直立型	17	3	ヤマツツジ	低木型	8	3
ナチシダ	シダ型	16	1	イタドリ	直立型	7	0
オオバアサガラ	高木型	15	2	ウツギ	低木型	7	0
コバノイシカグマ	シダ型	15	2	ムラサキシキブ	低木型	7	0
ハスノハカズラ	つる型	15	4	クサコアカソ	分枝型	6	0
ハンゴンソウ	直立型	15	1	スゲ属の1種	叢生型	6	1
イケマ	つる型	14	6	ヤブムラサキ	低木型	6	1
コシダ	シダ型	12	0	アキチョウジ	直立型	5	0
ベニバナボロギク	直立型	12	2	エゾイラクサ	直立型	5	0
マムシグサ	直立型	12	3	コガネギク	直立型	5	0
オオバノハチジョウシダ	シダ型	11	1	ネザサ	叢生型	5	0
ミヤマシキミ	低木型	11	6	ミツバウツギ	低木型	5	0
ヒサカキ	高木型	10	4	ミヤマガマズミ	低木型	5	0
レモンエゴマ	直立型	10	5	アキタブキ	分枝型	4	0
マンネンスギ	シダ型	9	6	イヌエンジュ	高木型	4	0
マンリョウ	低木型	9	1	イヌビワ	低木型	4	0
ハイノキ	高木型	8	0	イノデ	シダ型	4	0
ミツマタ	低木型	8	0	ウワバミソウ	分枝型	4	0
ヤブニッケイ	高木型	8	0	オオバギボウシ	分枝型	4	1
ヤマアイ	直立型	8	1	ガクウツギ	低木型	4	1
チョウジソウ	直立型	7	3	クマイザサ	叢生型	4	0
トリカブト属の1種	直立型	7	0	クロキ	高木型	4	0
(カワチブシ)	直立型	4	3	コバノミツバツツジ	低木型	4	0
(タンナトリカブト)	直立型	4	3	コマユミ	低木型	4	0
ナガバヤブマオ	直立型	7	2	コヨウラクツツジ	低木型	4	2
ハシリドコロ	直立型	7	1	シラネセンキュウ	分枝型	4	0
フユイチゴ	匍匐型	7	0	チャ	低木型	4	0
ヤブツバキ	高木型	7	0	ヒカゲイノコヅチ	直立型	4	0
ヤマカモジグサ	叢生型	7	1	モミジガサ	直立型	4	0
ユズリハ	高木型	7	0	ヤブツバキ	高木型	4	1
リョウブ	高木型	7	0	ヤマウルシ	低木型	4	0
ワラビ	シダ型	7	2	ヤマブキショウマ	分枝型	4	0

生育型は1.3の類型による

べない場合がある。これは事実関係の確認を含め，今後の課題である。ただ，このアンケートやそのほかの観察から，アオキ，ノリウツギ，リョウブ，ハギ類，ナラ類などがシカに好んで食べられることは見解が一致している。

生育型と採食影響

シカにとって食物としての葉は草本でも木本でもさほど違いはないが，植物側からすれば，木本類，特に高木種が採食されれば，将来の森林を担う木本が失われるので，天然更新が阻害されることになる (2.1)。

草本類は木本に比べれば寿命が短いから，一般にストレス耐性が強い。伐採跡地や草本群落などには草本が多くて，シカにとって価値の高い採食場となることがある。草本の中でもイネ科やカヤツリグサ科のような叢生型 (Gimingham 1951) の植物は生長点が低いために繰り返しの採食に耐性がある。奈良公園のススキ群落やシバ群落はその好例である。またロゼット型や匍匐型も草丈が低いためにシカの採食を免れてシバ群落やススキ群落で安定的に生育する。オオバコやコナスビ，ミツバツチグリ，チドメグサ類等などはその例である。これに対して不嗜好でない直立型やつる型は採食に耐性がなく，弱度の採食影響でも減少する。

こうした種あるいは生育型，嗜好性の違いにより，群落組成が変化する。

森林群落構造と森林更新

シカの採食影響は基本的に高さほぼ2m以下の低木層と草本層に起きる。その大半は葉食であり，緑の葉がこの高さ以下で著しく乏しくなって通常の森林とは明らかに違う構造になることがある。これは「シカの影響による線」という意味で「ディアライン」と呼ばれる。大台ヶ原のトウヒ林は樹皮剝ぎによる枯死木が多い (Akashi and Nakashizuka 1999)。

構造的な変化は当然，時間をかけて見れば動態に影響する。森林更新に対するシカの影響は宮城県金華山のブナ林で調べられた (Takatsuki and Gorai 1994，表2)。ここのブナ林を本土のブナ林と比較すると，ブナの実生や若木が著しく少なく，林床はシカの影響により，もともとあったスズタケがなくなり，不嗜好低木であるハナヒリノキに被われている。設置されたシカ柵内ではブナ実生密度が高く，特に林冠外で最も高く，次いでシカ柵内の林冠下であり，柵外では最も少なかった。ただし，シカ柵外でもハナヒリノキの

群落内ではシカの影響を免れてある程度の密度があり，レフュージア効果が認められた。

　森林更新は時間がかかるので，短期の調査では減少を把握しにくい。大台ケ原の例ではそのことが見事に示された（2.1.7）。シカ柵を造れば，植物はシカの影響を逃れて増加するが，反応が早いササが繁茂するため，その下にある高木種は一時的にむしろ生育を抑制されることがわかった。

シカ影響の段階

　シカの影響をいくつかの段階で考えてみたい。
　弱度
　シカがいままでいなかった森林にシカが侵入した場合，林床のササや草本類が食べられ，冬になると低木層の木本類の枝が食べられ，「枝折り（2.2.1 図3（p. 61））」が見られるようになる。ただし，一見しただけでは，群落に変化があるようには見えない。暖温帯の常緑広葉樹林や二次林では冬に枝を食べるような影響は顕著ではないので，影響が見えにくいが，嗜好植物（アオキ，クロガネモチ，リョウブなど）に対する採食がみられるようになる。
　中度
　その影響が強くなり，また長くなると，森林の低木層や草本層に影響がみられるようになり，低木類が少なくなる。また耐性のないスズタケが枯死したり，比較的耐性のあるミヤコザサなども草丈が低くなる。暖温帯の森林では樹皮剥ぎ（口絵2-①）が顕著になり，林床植生に対する影響がみられる。
　強度
　低木層の枝折りが進むと「枝折り」する木本類も少なくなって，盆栽状（口絵2-④）を呈するようになる。この段階になると大型の直立型草本は非常に少なくなり，不嗜好植物が目立つようになる。こうした段階でも高木種の実生は供給され，避難地的な場所である程度生育するが，島環境のように強い影響が継続的にある場所では実生が生育することができなくなる。実際には島でなくても，同様な状況にある大台ケ原，丹沢，伊豆の天城山，春日山原始林などでも高木種の稚樹がほとんどみられない状況にある。この段階では不嗜好植物（イワヒメワラビ，イラクサなど）に対する採食もみられる。
　重度：不可逆なレベル
　シカの影響がさらに強い場所では，林床の草本層が貧弱になり，場合によ

表2　日本各地のシカ柵内の植物の反応と柵の効果など

植生	地域	調査地	シカ柵内の変化
高山植生，亜高山高茎草本群落	北海道知床岬	羅臼岳	ガンコウラン群落で23種から30種に，セリ科草本群落で23.7種から31.7種に増加 植被率および群落高の増加
高山植生	南アルプス	仙丈ヶ岳馬の背	種多様性増大 植被率，群落高および植物体量の増加
コナラ林	岩手県	五葉山	ミヤコザサが回復した後，低木類が生育し，ミヤコザサを抑制
シバ草地	宮城県	金華山	シバ群落からススキ群落を経てイヌシデ，クロマツ群落に遷移
ブナ林	宮城県	金華山	ブナの実生が生育
ブナ林	神奈川県西部	丹沢大山国定公園特別保護地区	スズタケ枯死後，木本稚樹定着・成長 スズタケの稈高，植被率増加 低木類の増加および高木種（シナノキ，ウリハダカエデなど）の増加
落葉広葉樹二次林（旧薪炭林）	房総半島南部	千葉演習林（東大）	非伐採地で土壌動物増加
落葉広葉樹二次林（旧薪炭林）	房総半島南部	千葉演習林（東大）	伐採によるリターや土砂流亡の抑制
トウヒ林・太平洋型ブナ林など	奈良県大台ヶ原	亜高山帯針葉樹林・落葉広葉樹林	実生個体数（ブナ，ナナカマドなど）はシカ柵内で圧倒的に多かった 針葉樹（トウヒ，ウラジロモミなど）と広葉樹（ブナ）の実生の高さは柵内で高い
トウヒ林・太平洋型ブナ林など	奈良県大台ヶ原	亜高山帯針葉樹林・落葉広葉樹林	種多様性増大，稚樹などの成長，イトスゲ，スズタケなどの回復
照葉樹林	奈良県春日山原始林	コジイ・ツクバネガシ混交林	ブナ科木本実生の生存率は高くなる
日本海側針広混交林	京都東北部	芦生研究林（京大）	サワグルミ群集の上層で18種から30種に，低木層で13種から38種に増加 サワグルミの稚樹バンクを形成
草本群落	京都東北部	芦生研究林（京大）	光環境に関係なく，現存量維持
		集水域	閉鎖林冠下において種数増加，開放地では柵内外の差なし 柵外で被食圧蓄積の結果による種の局所的絶滅の可能性
カタクリ群落	兵庫県佐用群	コナラ二次林	個体数（落葉除去効果あり），葉長増加 開花・結実個体を確認（対照区：非開花）
ススキ草原	兵庫県神河町	砥峰高原	種多様性が増大

シカ柵効果の不確実性	シカ柵以外の検討要因	設置年	設置期間(年)	文献
消失した種（シレトコトリカブト，ナガバキタアザミ）が回復しないトウゲブキによる在来種生育阻害の可能性	トウゲブキの刈り取り	2002	4	石川ほか (2008)
マルバダケブキなど特定の種の繁茂がほかの植物の多様性を下げる可能性あり 目指す植生（クロユリ，ハクサンイチゲなど）回復しない		2008	2	渡邉ほか (2012)
効果あり		1989	20	Takatsuki (2009)
柵外においてシカがシバの分布を拡大		1990	12	Takatsuki and Ito (2009)
効果あり	ハナヒリノキによる一時的保護	1972	15	Takatsuki and Gorai (1994)
ブナの更新木は稚樹段階で留まっている	スズタケの退行	1997	7	田村 (2008)
	伐採・非伐採	2008	1	才木ほか (2010)
			1	塚越ほか (2010)
柵内で生じる植物間の競争の長期的把握必要		1991	13	Kumar et al. (2006)
柵内で繁茂したミヤコザサによる実生発芽阻害	表層土除去・ササ狩り	1989〜2009	11	環境省 (2009) 環境省 (2012)
閉鎖林冠では林床植生の多様性回復がみられない	ナギの侵入・定着	2007	4	Maesako et al. (2010) 前迫 (2013)
不嗜好植物オオバアサガラの更新拡大 シカ個体数の変動および大きな時空間スケールでの評価ができていない	ナラ枯れ	2006	4	阪口ほか (2012)
開放地においては種数維持とシカ柵の関係はない	光環境・シカの利用頻度	2003	1	石川・高柳 (2008)
	落葉除去	2000	4	山瀬ほか (2005)
		2010	0.5	橋本ほか (2014)

っては林床に積もった枯葉までがシカに食べられることになる（口絵1-⑤）。そうなると雨滴が直接鉱物土壌を打ち，土壌の流失が起きるようになる。そして地形が急峻な場所では土砂崩れが起きることさえある（口絵5-③）。

　本書に紹介された南アルプスの高山帯（2.2.1），四国山地（2.2.2）などはこの段階にあり，植生学会のランクでは「激」とされている．四国山地では，早期に設置したシカ柵内ではミヤマクマザサの再生とともに，ヤマヌカボ群落が回復しているが，裸地化した場所では緑化のために播いた種子が流出するため，回復が困難である．

　この段階にいたれば，シカの影響は不可逆的なレベルに達しているものとみなされ，シカ柵を造っても植生の回復は困難であろう．このことは，シカ・植生保護対策が，病気治療と同様，早期発見「治療」が必要であることを示唆する．

　生育地の土砂崩れというレベルに達していなくても，「激甚」と評価された群落の嗜好種の中には，地域個体群の消失の危機にあるものも少なくない．たとえば，亜高山帯高茎草本のナガバキタアザミ，シレトコトリカブト，塩湿地のウラギク，オカヒジキ，ホソバハマアカザ，絶滅危惧種や希少種のマルバサンキライ，カワゼンゴ，ササバギンラン，キレンゲショウマなどは，シカの採食によって大きく減少しており，地域絶滅につながればその影響は不可逆的影響となる．

　一方，報告例は多くはないが，不嗜好な高木種が森林を形成することもある．春日山では不嗜好種のナギが林冠を形成しているし（2.1.4），宮城県金華山にはシキミ林があるし，五島列島の島山島にはタブノキ林にかわってイヌガシ林がある（Takatsuki 1980）．伊豆半島や春日山原始林にはほとんどアセビだけの林があるが，これもシカによる影響である．これらも不可逆的変化の一例といえるだろう．

シカ柵の効果

　シカの影響を如実に知るために，シカ柵が絶大な効果をもつことは本書のたくさんの事例が明示した．シカ柵内外を比較することで，採食に対する植物種ごとの反応の違い，嗜好性，森林更新への影響を知ることができ，今回の試みのようにそれを南北で比較することでさらにあらたな知見も得ることができる．この意味でシカ柵は研究上，非常に有意義である．同時に，一般

市民がシカの影響を実感するためにも効果が大きく，環境教育の効果もある。

シカの影響が中程度までであったり，影響の期間がさほど長くない場合，シカ柵の効果は群落構成種の量的違いが生じるだけであることが多い。しかし，シカの影響が強度で，それが長期にわたる場合は，種組成に違いが生じるようになり，もともと個体数が少なく，影響を受けやすい種は地域的絶滅の危機にみまわれることがある。丹沢での事例では，絶滅したと思われていた種がシカ柵内で発見され，シカ柵の保護効果が示された（2.1.3）。このことは，一方で絶滅していたと思われていても，種子あるいは栄養体で残っていること，あるいはなんらかの方法で新たに種子などが散布される可能性を示唆している。

本書で取り上げたほかにも，大台ヶ原の針葉樹林（Kumar et al 2006），カタクリ群落（山瀬ほか 2005），高山植生（石川ほか 2008，鵜飼 2010，渡邉ほか 2012）などでシカ柵が設置され，シカ柵内で木本実生が増加したり，カタクリの開花個体が増加するような反応が確認された（表2）。なかでも急激な植生劣化が進行する高山植生においては，シカ柵内で種数の増加が認められ，2年後にハクサンフウロ，ヤマハハコ，シナノオトギリなどの草丈がほぼ本来の高さに戻り，シナノキンバイ，ミヤマキンポウゲなどが開花した。4年後にはニッコウキスゲの開花も確認されている（鵜飼 2011）。仙丈ヶ岳馬の背のお花畑ではシカの採食により，不嗜好植物のタカネヨモギとバイケイソウが優占していたが，シカ柵設置1年後で，種数が回復した（渡邉ほか 2012）。

シカ過剰の意味

本書の2章の事例をみると，近年のシカの増加で群落が構造的な変化を受け，森林では更新が阻害されていることがわかる。なかにはシカ柵内でササが回復することによって，木本種の生育が抑制されることを示した事例もあり，そうなると，シカがまったくいないこともまた特異なことであることが理解される。これについては後述する。

こうした現象は，いわば程度の問題であり，もともとシカはいたが，群落の本来の機能が全うできないまでにシカの影響が強くなったという意味で問題であるということである。長い列島史においては，シカが少なくなった時代もあろうし，今のように多かった時代もあったであろう。そうした変化の

中で群落は動態を繰り返してきたと考えられる。

これらに対して，2.2.1.～2.2.3. で紹介されている高山植生や湿原への影響はこれまでシカの存在が知られていなかった群落でのできごとである。もちろん，まったくいなかったということの証明はできないが，ニホンジカの性質を考えると，基本的には森林と結びついた生活をする草食獣であることが理解される。ダッシュ力がすぐれていることは日本列島の急峻な地形への適応であろうし，冷温帯でのササへの依存も日本の森林の生息者にふさわしい。数頭の小群を生活単位とすることも，聴覚にすぐれていることも，見通しの悪い森林生活者であることを示している。

有蹄類全体をみまわしてみても，ウマ類やウシ科のガゼルやヒツジ類が草原や岩場などに適応的であるのに対して，シカ科は全体として森林生である。シカ科の中でも，小型のジャコウジカ，ノロジカなどはより森林生であり，大型のアカシカ，ヘラジカなどはオープンな場所を利用する傾向があるがやはり森林生であり，中型であるニホンジカやミュールジカなどは森林から林縁を生活の場とする。

もちろん，日当りのよい場所のほうが地上部の植物量が多く，ニホンジカにとっては食料が豊富であるため，林縁をよく利用する。しかし，広大な牧場などにいることは好まず，そういう場所では心理的に不安になるために大きな群れとなる。岩手県の五葉山の伐採地でシカの糞数を調査したところ，林縁から50 m 以上離れると糞数が急激に少なくなったのはこのことを示唆する（Takatsuki 1989）。

このように考えると，ニホンジカが高山帯や湿原にいるのは本来的なあり方ではないといえる。こういう環境は直射日光が当たるので地上の植物量が多く，また毎年春に草本類が生えてくるから，夏から秋にかけてシカにとって豊富で良質な食料が供給される。その結果，初めのうちは警戒しながらこういうオープンな環境に侵入していたシカも，しだいに慣れて大胆に利用するようになったと考えられる。このようになったのは，森林でのシカの生息密度が高くなりすぎて，森林外に「溢れ出た」ととらえるのが妥当であろう。2 章での記述を読むと，その影響が深刻であることが理解される。このように，シカの問題は個別の群落における現象だけでなく，群落をまたぐような現象として把握される必要がある。

シカ柵の調査は個別に行われてきたので，今回それがまとめられたことに

より，このような比較や総合的な理解が進んだことは意義深いことであった。このことはシカや植物群落の管理をするうえでも重要で，対策の優先順位も高山帯や湿原が高くなるべきである。こうした保全上，重要度の高い植物群落は，困難は多いが，シカ柵の設置によって保護する必要が特に大きいといえる。

シカ柵の限界

　シカ柵が，シカによる植生への影響を実証的に示すのに有効であることは本書の多くの事例が証明している。しかし，同時に限界があることも確かである。そのことをまず技術的な面から考える。

　シカ柵を広範囲に造ると，多少とも沢を含むことになり，降雨時に柵が破損しがちである。シカはそのすき間から柵内に入り込む。また森林では大きな枝が落ちたり，木が倒れることで柵が破損することもある（2.1.3）。シカ柵を10年以上維持することはさまざまな意味で困難が伴う。

　一方，想定外のことも観察された高山植生においては，柵内で種類数が増加したが，回復を期待した植物ではないマルバダケブキ，ヒゲノガリヤス（南アルプス），トウゲブキ（羅臼岳）などが大幅に増加することによって他の在来種の生育を抑制するという現象が起きている（表2，石川ほか2008，渡邉ほか2012）。また，大台ヶ原では，シカ柵内でミヤコザサが繁茂したため，回復を期待したウラジロモミの生育が抑制された。このため，ミヤコザサを刈り払いなどの管理が必要とされる。（2.1.7）。

　大きな柵が長距離に設置されれば，ツキノワグマやニホンカモシカなどの大型獣や，柵の編み目のサイズによってはキツネやタヌキ，ノウサギなどの移動も妨げることになる（2.1.3）。これはシカの影響から植物を守るという本来の目的と違う影響であり，副作用といえる。そのことの評価は単純ではないが，一般的にいえば望ましいとはいえないだろう。

　このことはさらに根本的な問題とも関連する。ひとつには，シカの過度の影響は抑制すべきであることには多くの立場の支持が得られるであろうが，シカの影響がまったくないのが「正常」であるかどうかということであり，これには異論が予想される。本書1.3で高槻が述べたように，明治以降，日本の植物生態学が始まったとき，すでにシカは少なくなっており，生態学者はシカのいない状態を「正常」としてきた。しかし，多くの不嗜好植物があ

ること自体，日本の植物相が草食獣の影響を受けて進化したことを物語っており，その意味でシカがいることのほうが正常であることに疑いの余地はない。揚妻（2013）はシカの増加を「異常」と見なすこと事態に疑義を投じている。この点は正確な情報と論理に基づいて慎重に検討する必要がある。

もうひとつの根本的な問題は，山全体を柵で囲うことはできないということである。シカ対策がかなりうまくいっているとされる丹沢では，シカ個体数抑制とともにシカ柵が積極的に設置されているが，その丹沢でさえ，シカ柵面積は微々たるものであり，0.15%でしかない（2.1.3）。大きなシカ柵は経費的，技術的に設置が困難であるというだけでなく，シカを，そしてその他の動物を排除することを理想的な状態であるとするという姿勢そのものが，果たして正しいかどうかに見解の一致が見られていないのである。

なお，この項でクマやキツネなどのことをとりあげたが，シカが植生に影響することが，間接的にそこに生息する他の動物に影響することも知られており，シカ柵によってそのことを示した研究もある。ただ，現状ではまだ事例が十分とはいえず，本書ではとりあげることを控えた。

引用文献

Akashi1 N, Nakashizuka T (1999) Effects of bark-stripping by Sika deer (*Cervus nippon*) on population dynamics of a mixed forest in Japan. Forest Ecology and Management, 113:75-82.

揚妻 直樹 (2013) シカの異常増加を考える. 生物科学, 65:108-116

Côte SD, Rooney TP, Tremblay J-P, Dussault C, Waller, DM (2004) Ecological impacts of deer overabundance. Annual Review of Ecology, Evolution and Systematics, 35:113-147.

Gimingham CH (1951) The use of life form and growth form in the analysis of community structure, as illustrated by a comparison of two dune communities. Journal of Ecology, 39:396-40.

橋本 佳延，栃本 大介，黒田 有寿茂 (2014) ニホンジカ高密度生息域のススキ草原における草原生植物種多様性の低下. 日本緑化工学会誌, 39:395-399

石川 麻代・高柳 敦 (2008) 異なる光環境下における草本群落に対する防鹿柵の影響. 森林研究, 77: 25-34

石川 幸男・青井 俊樹・村上 智子・小平 真佐夫・岡田 秀明 (2008) 知床岬の植生に関する2007年度調査報告書－防鹿柵を用いた植生回復実験5年目の経過－. 平成19 (2007) 年度グリーンワーカー事業（知床半島におけるエゾシカの植生への影響調査事業）報告書, 35-52, 知床財団, 北海道

環境省 (2009) 大台ヶ原自然再生推進計画 第2期. 86pp. 環境省近畿地方環境事務所.
環境省 (2010) 特定鳥獣保護管理計画作成のためのガイドライン（ニホンジカ編）. 52pp. 環境省
環境省 (2012) 大台ヶ原ニホンジカ特定鳥獣保護管理計画（第3期・案）(http://kinki.env.go.jp/pre_2012/0125a.html 2015年5月18日確認)
Kumar S, Takeda A, Shibata E (2006) Effects of 13-year fencing on browsing by sika deer on seedlings on Mt. Ohdaigahara, central Japan. Journal of Forest Research, 11: 337-342.
前迫 ゆり (編) (2013) 世界遺産春日山原始林―照葉樹林とシカをめぐる生態と文化. ナカニシヤ出版, 京都
Maesako Y, Nanami S, Kanzaki M (2007) Spatial distribution of two invasive alien species, *Podocarpus nagi* and *Sapium sebiferum*, spreading in a warm-temperate evergreen forest of the Kasugayama Forest Reserve, Japan. Vegetation Science, 24: 103-112
阪口 翔太・藤木 大介・井上 みずき・山崎 理正・福島 慶太郎・高柳 敦 (2012) ニホンジカが多雪地域の樹木個体群の更新過程・種多様性に及ぼす影響. 森林研究, 12:57-69
才木 道雄・三次 充和・塚越 剛史・井口 和信・村川 功雄・前原 忠・鈴木 牧 (2010) シカの強度影響下における広葉樹二次林の土壌動物相. 演習林, 49: 23-28
植生学会企画委員会 (2011) ニホンジカによる日本の植生への影響―シカ影響アンケート調査（2009～2010）結果―. 植生情報, 15: 9-30.
Takatsuki S (1989) Edge effects created by clear-cutting on habitat use by Sika deer on Mt. Goyo, northern Honshu, Japan. Ecological Research, 4: 287-295
Takatsuki S, Gorai T (1994) Effects of Sika deer on the regeneration of a *Fagus crenata* forest on Kinkazan Island, northern Japan. Ecological Research, 9: 115-120.
Takatsuki S, Ito T (2009) Plants and plant communities on Kinkazan Island, Northern Japan, in relation to Sika deer hervibory. In McCullough RD, Takatsuki S, Kaji K (eds.) Sika Deer Bilogy and Management of Native and Introduced populations, 125-143. Springer
田村 淳 (2008) ニホンジカによるスズタケ退行地において植生保護柵が高木性樹木の更新に及ぼす影響. 日本林学会誌, 90: 158-165
塚越 剛史・三次 充和・鈴木 祐紀・米道 学・里見 重成・安達 康眞・軽込 勉・鈴木 牧・山田 利博 (2012) 伐採と防鹿柵の設置が広葉樹二次林のリター・土壌移動量に与える短期的影響. 演習林, 52:307-317
鵜飼 一博 (2910) 南アルプスお花畑における防鹿柵の設置. 植生情報, 14:21-27
渡邉 修・彦坂 遼・草野 寛子・竹田 謙一 (2012) 仙丈ヶ岳におけるシカ防鹿柵設置による高山植生の回復効果. 信州大学農学部紀要, 48:17-27
山瀬 敬太郎・吉野 豊・上山 泰代・前田 雅量 (2005) カタクリ群落の保全管理における鹿防護柵の設置と落葉除去の影響. 保全生態学研究, 10:195-199

おわりに

　森は動く。その動きは 100 年という時間軸をもつようなゆっくりしたものであり，明日，突然に森林が消えてなくなるというものではない。しかし，増えすぎたシカはこの森林を消失させるほどの脅威となり得る。一方，シバ地の維持において，シカは重要な生態的役割を果たす。そうした複雑で多様なシカと植生の動き（ダイナミズム）を，「植生屋」の視点からまとめたいと考えた。

　春日山原始林の劣化が気になり，継続的に調査をするようになったのは 1999 年のことである。シカによる樹皮剥ぎや採食の調査をしているうちに，このままではこの照葉樹林がなくなるかもしれないという危機感を抱いた。そこでシカ柵実験区を造り，その影響や植生データに基づく保全を考えることにした。シカ柵内の植物の反応は，京都の芦生演習林や奈良の大台ヶ原におけるものとは大きく違っていた。近畿だけでもこれだけの違いがあるのだから，日本各地ではさらに大きな違いがあるだろう。シカが増加し，植生への影響が深刻になってきたことを受けて，各地でシカ柵が設置され，モニタリングのデータが蓄積されている。こうしたデータを集約することによってシカ柵の効果を知り，シカの影響を全国レベルで読み取りたいと思った。と同時に，シカ柵の有効性と限界を考える契機にしたいと考えた。

　そこで植生学あるいは生態学から，シカ問題に関連して研究を進めている交流のある研究者に，シカ柵にかかわる研究の知見を一冊の本にまとめたいという考えを伝えた。全体の構想が見えて来た頃，文一総合出版の菊地千尋さんに相談し，次に高槻成紀先生には編著者としての協力をお願いした。

　本書は大きく 3 章からなるが，第 1 章にはシカと植物の研究史，シカという動物の特殊性，植生学会が行った膨大なデータの解説などが掲載されている。フィールド研究の成果は第 2 章に集約されている。そこにはシカの影響から解放された植生の動向が丹念に記述されている。北は北海道から南は屋久島まで，各地の実情が紹介されており，私たちはシカの影響という特殊な面からも，あらためて日本の植生の多様性に気づかされる。なかでも 30 年という長期プロットから明らかにされた林冠とササとシカ柵の関係は，「シカの生態的役割」を見事に解き明かしている。林床植生が乏しく，不可逆的

変化に近い状態でシカ柵を設置しても，森林再生は期待できないことを言及している研究，行政が長期間にわたってシカ柵を設置し，絶滅危惧種を保全している丹沢の事例，文化的シンボルでもあるシカと世界遺産の森の葛藤などから，自然が要する時間の長さと植物と動物の相互作用，そしてシカ柵の限界もみえてくる。

　これらの記事は，異なる森林帯におけるシカの群落への影響が多様であることを明らかにしており，生態学的に興味深い。さらには保全対策という意味では，一筋縄では行かないことを認識させる。ササのある落葉広葉樹林とササのない常緑広葉樹林では植物だけでなく，シカの生活もまた大きく違うのである。それに対しては異なる対応が必要になることは明らかであろう。

　森林だけではない。シカの影響は湿原や1万年以上前の氷河期からの遺存種である高山植生にも及んでおり，従来の「常識」をくつがえす知見も知ることができた。シカの影響もさまざまで，なかには土砂崩れが起きたために，回復が困難な状況にいたった植生もある。森林をはじめとする脆弱な植生の「今」を，長年のフィールドワークに基づくデータに裏打ちされた研究成果から，日本列島レベルでまとめることができたことの意義は大きい。

　コラムを含む何編かは，多様なシカ柵の評価，行政との共同作業，シカによる土壌侵食などがわかりやすく紹介されている。複数の著者が指摘しているように，シカ柵は確かに効果があり，シカの採食からのレフュージア（避難場所）として機能するが，シカ柵によって山全体を囲い込むことはできないし，生態系を保全することは困難である。そのことをあいまいにしたままで柵を造り，メンテナンスが行われないと，実効的な保全がなされないことになる。このことは行政で十分に検討される必要があるだろう。

　続く第3章は2節からなり，ひとつは世界遺産知床を示している科学委員会や町の知床財団の体制，合意形成をはかりながらデータをフィードバックさせて進める「行政−研究者−地域」の連携体制は，今後の保全を推進するうえで重要な示唆に富む。もうひとつは，フィールド調査から解析された植生データ，行政のとりくみの現状などをふまえて，「シカ柵の有効性と限界」を総括している。

　シカの植生への影響は急速に進行しつつある。この大きな問題の解決には多くのハードルがある。研究者だけでは不可能なこの課題に対して，国，地方の行政が真剣に取り組み，具体的で実効性のある作業に取り組んでいただ

くことを切望する。さらに本書が契機となって，シカの研究者も加わって次の段階としての本が生まれることを期待したい。

　著者の方々には，限られた執筆時間であったにもかかわらず，フィールド調査・研究の合間をぬって興味深い原稿を寄せていただいた。「これを知りたかった！」と思いつつ原稿を読ませていただいた。心よりお礼を申し上げたい。編集を引き受けていただいた高槻成紀先生にはとくに感謝申し上げる。本書の大方の著者と構想を決めたあと，無理を言って編集に入っていただいた。先生はシカと植物の関係性にいち早く着目し，その研究分野を確立された先駆者であり，本書の編集にふさわしいと考えた。編集作業が始まると，きびしい添削もされたが，それはこのテーマを真剣にとらえておられるゆえんでもあると理解した。文一総合出版の菊地千尋さんには 2013 年に企画の相談をして以来，編集，出版にいたるまでたいへんお世話をおかけした。これら多くの方々の協力によって本書を発刊することができた。各位に心より御礼申し上げる。

　本書は，日本学術振興会平成 27 年度科学研究費助成事業（科学研究費補助金）研究成果公開促進費の助成を受けた。また，本書に紹介した調査・研究を進めるにあたって，次の関係諸機関，個人に協力いただくとともに，執筆にあたって資料の提供などをいただいた。記して各位に厚く御礼申し上げる。

　環境省，環境保全再生機構地球環境基金，釧路環境事務所，下北山村，知床財団，奈良県奈良公園管理室，奈良市教育委員会，文化庁，NPO 法人森林再生支援センター，日本学術振興会（科研課題番号 19570028（代表 前迫ゆり），23510300（代表 前迫ゆり），25450222（代表 明石信廣）），日本土地山林株式会社，林野庁

（五十音順，敬称略）

2015 年 4 月

前迫 ゆり

執筆者一覧

(五十音順，敬称略)

明石 信廣（あかし のぶひろ）（北海道立総合研究機構 森林研究本部林業試験場森林資源部　研究主幹）

　　1991 年，大学院生として森林の更新動態に興味を持ち，大台ヶ原で調査を始めたところ，シカに大きな影響を受けていることがわかり，森林の更新動態におけるシカの影響について研究を始めることになった。1996 年からは北海道において，天然林への影響だけでなく人工林における被害対策にもかかわり，近年は森林への影響評価から森林管理者の主体的な関与による効果的なシカ捕獲まで，総合的なシカ対策をめざして取り組んでいる。

　【主著】「簡易なチェックシートによるエゾシカの天然林への影響評価」（共著，日本森林学会誌 95: 259-266, 2013）「幼齢人工林におけるエゾシカ食害の発生状況とエゾシカ生息密度指標との関係」（日本森林学会誌 91: 178-183, 2009）

阿部 友樹（あべ ともき）（茨城県立下館第一高等学校　教諭）

　　動物と植物の相互作用に興味があって卒業研究のテーマとして選んだのが，シカとかかわるきっかけだった。調査で訪れた奈良県大台ケ原山は，高木層がまったくないほど衰退していて，茫然としたことを今でも覚えている。現在は学校教育の場で，生物学に興味をもつ高校生を育成できるよう教壇に立たせていただいている。

石川 愼吾（いしかわ しんご）（高知大学理学部　教授）

　　四国山地剣山系の主稜線に広がるミヤマクマザサ群落が開花したわけでもないのに大面積にわたって枯死している，という情報が，シカ問題へ足を踏み入れたきっかけ。シカの過剰採食によって剣山系のササ草原と林床植生が消失して土壌流失と斜面崩壊を引き起こし，この地域の生態系は急激に劣化している。長年，河川植生の動態解析を主な研究テーマとしてきたが，これに加えて，しばらく剣山系の生態系の変化を研究することになりそうだ。

　【主著】『河川環境と水辺植生』(分担執筆，ソフトサイエンス社，1996)『シカと日本の森林』（分担執筆，築地書館，2011）

石川 芳治（いしかわ よしはる）（東京農工大学 大学院農学研究院 自然環境保全学部門　教授）

　　主な研究テーマは，①シカの影響による林床植生衰退が森林の土壌侵食，水源涵養機能に与える影響，②山地における土砂災害の発生機構と対策，③木製堰堤の設計および維持管理手法。神奈川県により組織され，2004 年～ 2006 年に行われた「丹沢大山総合調査」に参加することがきっかけで，シカの採食による林床植生の衰退が土壌侵食，水源涵養機能に与える影響を調査し始めた。

　【主著】『森林科学』（共著，文永堂出版，2007）『立木と災害』（分担執筆，技報堂出版，2009）

大野 啓一（おおの けいいち）（千葉県立中央博物館 分館海の博物館　分館長）

　　草本植物の季節的な生長様式（フェノロジー）と生育群落型との関係性を研究。以前，調査フィールドとしていた奥多摩地域ではシカの食害によって多様な草本類が激減した。それを目の当たりにしながら，個人としてはもちろん社会としても効果的な対応ができていないことへのやるせなさが，本書の執筆内容の調査を企画したきっかけ。

　【主著】『図説 日本の植生』（分担執筆，朝倉書店，2005），『生物多様性緑化ハンドブック』（分担執筆，地人書館，2006）

大橋 春香（おおはし はるか）（独立行政法人 森林総合研究所 植物生態研究領域　非常勤特別研究員）

　　東京都奥多摩地域で，シカの高密度化によって植生がどのように変化したかを明らかにするために，先輩方の残した過去の植生調査資料を手掛かりに，ひたすら山を登って追跡調査を続けて

きた．シカによる強い影響が生じてしまった地域での植生復元や，影響が軽微な地域での予防的措置といった研究課題に，今後も引き続きチャレンジしていきたいと考えている．
【主著】『野生動物管理システム』（分担執筆，東京大学出版会，2014），「東京都奥多摩地域におけるニホンジカ（Cervus nippon）の生息密度増加に伴う植物群落の種組成変化」（植生学会誌 24(2)：123-151，2007）

坂田 宏志（株式会社野生鳥獣対策連携センター）
シカやイノシシなどの野生動物の個体数推定や将来予測と捕獲技術の開発に取り組んでいる．
【主著】『日本の外来哺乳類』（分担執筆，東京大学出版会，2011），『Sika Deer』（分担執筆，Springer，2009）

高田 研一（NPO法人森林再生支援センター　常務理事）
1970年代から80年代にかけて，京都大学理学部植物生態研究施設でオーバードクターをしながら，わが国の森林植生を観察．その後，自然回復緑化を手がけるが，1990年代に入って徐々にシカの森林生態系への影響の深刻さを感じ，2000年に入って，NPO法人森林再生支援センターを拠点に，防鹿対策，森林生態系の保全・回復，造林手法の提案を行い，現場においても実施指導を行っている．
【主著】『尾瀬の森を知る　ナチュラリスト講座―知られざる南尾瀬の大自然』（山と渓谷社，2006），『森の生態と花修景（ランドスケープデザイン vol.1）』（共著，角川書店，1998）

高槻 成紀（麻布大学 獣医学部　元教授）
動植物の種間関係とその保全に関心があり，とくに哺乳類の食性分析を通じて植物との関係を解析している．夢は動植物のすばらしさを子供たちに伝えること．1970年代からシカと植物の関係の研究を始めたが，現在のようにシカが増加し，日本中の森林に影響を及ぼすようになるなど想像できなかった．生態学的知見に基づいた解決策を提言したい．
【主著】『シカの生態誌』（東京大学出版会，2006），『動物を守りたい君へ』（岩波書店，2013）

高柳 敦（京都大学大学院農学研究科 森林科学専攻森林生物学分野　講師）
人間と野生動物が共存できる社会の構築について研究．長年親しんできた芦生の植生が急激に変化し，その回復を図りながらシカのいる生態系とは何かを明らかにしたいと研究や保全活動に取り組んでいる．
【主著】『生物資源から考える21世紀の農学第4巻　森林の再発見』（分担執筆，京都大学出版会，2007），『森林・林業と中山間地域問題』（分担執筆，日本林業調査会，1995）

田村 淳（神奈川県自然環境保全センター 研究企画部研究連携課　主任研究員）
職場は，事業部門と企画普及部門，それに研究部門があるという国内でも珍しい組織である．その特色を生かして，現在の主要テーマはシカ捕獲による植生回復の評価やブナ林の再生研究，神奈川の水源地域における森林施業が生物多様性に及ぼす影響についての研究である．シカとの関係は，学生時代に2人の恩師に誘われて，丹沢のブナ林に及ぼすシカの影響を把握するために，植生保護柵の設置予定箇所で植生調査したことに始まる．
【主著】『丹沢の自然再生』（共編，日本林業調査会，2012），『図説 日本の山』（分担執筆，朝倉書店，2012）

辻野 亮（奈良教育大学 自然環境教育センター　准教授）
はじめは植物の研究をしていたが，シカが実生を食べるのでシカの研究も始め，サルが種子散布をするのでサルの研究も行い，最近ではシカサル植物だけにとらわれない自然環境教育にも挑戦するようになった．
【主著】「屋久島におけるヤクシカの個体群動態と人為的攪乱の歴史とのかかわり」（奈良教育大学自然環境教育センター紀要 15: 15-26，2014）「Habitat preferences of medium/large mammals

in human disturbed forests in Central Japan」（共著，Ecological Research 29: 701-710，2014）

中静 透(なかしずか とおる)（東北大学生命科学研究科　教授）
　現在の主要テーマは生物多様性と生態系サービス。最初はシカの研究を意図していなかった。森林の長期動態を調べるうちに，大台ケ原でも日光でも重要なファクターとして無視できない存在になってしまった。
　【主著】『森のスケッチ』（東海大学出版会，2004），『森の不思議を解き明かす』（分担執筆，文一総合出版，2008）

永松 大(ながまつ だい)（鳥取大学地域学部　教授）
　現在の主な研究テーマは，海浜砂丘からブナ林まで山陰を中心とした植物群集の構造，個体群動態と保全生態。地域で保全すべき生物多様性の維持機構と保全方法に興味を持っている。院生時代に金華山島の調査でシカが植物群集に与える影響の大きさを学び，山陰の森林で森林被害の急速な拡大を目のあたりにしたことが今回の研究につながっている。
　【主著】『屋久島の森のすがた－「生命の島」の森林生態学』（分担執筆，文一総合出版，2007），『森の芽生えの生態学』（分担執筆，文一総合出版，2008）

冨士田 裕子(ふじた ひろこ)（北海道大学 北方生物圏フィールド科学センター　教授）
　釧路湿原内でのシカによる植生への影響が大きくなったことから，調査が必要と考えた。事前調査を経て，三井物産環境基金2008年度研究助成「生態系管理のためのエゾシカによる自然植生への影響把握と評価手法の確立」が採択され，本格的なシカと湿原の研究が始まった。
　【主著】『高山植物学』（分担執筆，共立出版株式会社，2009），『サロベツ湿原と稚咲内砂丘林帯湖沼群― その構造と変化』（編著，北海道大学出版会，2014）

星野 義延(ほしの よしのぶ)（東京農工大学大学院 農学研究院　准教授）
　雑木林や草原などを保全するための植生管理について研究している。最近は以前に植生調査を行った場所で同じ方法で再調査し，過去からの植生の変化の実態を把握する再訪調査を行っており，シカの高密度化によって引き起こされた奥多摩の植生変化の実態もこの手法で明らかにした。1983年に環境省の委託で動物生態学の研究者とともに大台ケ原のトウヒ林でシカの影響を調査したのがシカ問題へのかかわりのはじまり。
　【主著】『雑木林の植生管理』（分担執筆，ソフトサイエンス社，1996），『植生管理学』（分担執筆，朝倉書店，2005）

前迫 ゆり(まえさこ ゆり)（大阪産業大学大学院 人間環境学研究科　教授）
　1970年代後半，菅沼孝之先生と初めて調査に行った大台ヶ原は，立ち枯れたトウヒ林が観光の目玉になっていた。今のようにシカが近づいてくることもなく，遠くにシカを見つけて感動したことを思い出す。2014年夏，伊吹山のお花畑にもシカの姿があり，次の世代に地域植生をつなぐことができるのか気がかりである。野生動物による植生のダイナミズムに興味をもってフィールドワークを続けている。
　【主著】『世界遺産春日山原始林－照葉樹林とシカをめぐる生態と文化』（編著，ナカニシヤ出版，2013）『世界遺産をシカが喰う　シカと森の生態学』（分担執筆，文一総合出版，2007）

増澤 武弘(ますざわ たけひろ)（静岡大学 理学部　特任教授）
　高山植物はなぜ高山の極限環境で生き続けているのか，植物の生理学，生態学の側面と高山の地形地質の側面との関連から解析している。ニホンジカとの出会いは，南アルプスの高山帯で研究対象の高山植物を貪り食う情景を目にした時から。
　【主著】『高山植物学』（編著，共立出版，2009），『南アルプス－お花畑と氷河地形－』（静岡新聞社，2008）

松井 淳（奈良教育大学 教育学部　教授）

　研究テーマは，紀伊山地における天然林の更新阻害，湿原植物群集の保全生態。環境省の大台ヶ原自然再生推進計画の評価委員会に参画し，シカの個体数調整が森林生態系の再生にとっての大きな課題であることを知った。森林再生支援センターというNPOの活動の中で2004年にシンポジウム「シカと森の「今」をたしかめる」を開催した。成果は『世界遺産をシカが喰う シカと森の生態学』として出版された。

【主著】『緑の世界史』（共訳，朝日新聞社，1994），『深泥池の自然と暮らし－生態系管理をめざして』（分担執筆，サンライズ出版，1994）

松田 裕之（横浜国立大学 環境情報研究院　教授）

　専門は生態リスク学。1995年頃，乱獲される水産資源の管理を研究していた私は，増えすぎたエゾシカ管理の研究に北海道に誘われた。1998年に北海道が策定したエゾシカ保護管理計画は，不確実性を考慮した捕鯨管理のアイデアを応用したものである。この時に順応的管理という訳語を提案し，エゾシカ管理は日本の多方面での順応的管理の先駆例となった。2004年からやはりシカ対策が問われた知床世界遺産の科学委員となり，知床岬でのシカ大量捕獲とシカ柵設置を提案した。

【主著】『なぜ生態系を守るのか？環境問題への科学的な処方箋』（NTT出版，2008），『海の保全生態学』（東京大学出版会，2012）

吉川 正人（東京農工大学 大学院農学研究院　准教授）

　調査で訪れている奥日光や富士山の植生が，シカの増加にともなって劇的に衰退していくのを目の当たりにし，シカの採食が日本の自然に対する大きな脅威になっていることを実感している。できれば，これ以上シカを悪者扱いしなくてすむように，シカを増やさない植生管理や公園計画のあり方についても考えていきたい。

【主著】『植生管理学』（分担執筆，朝倉書店，2005），『図説日本の植生』（分担執筆，朝倉書店，2005）

植物名索引

【ア行】

アオイゴケ 35
アオキ 54, 223-225
アオスゲ 99
アオダモ 52, 143
アオハダ 116, 152, 153
アカガシ 52, 94, 104
アカシデ 132, 152, 153
アカマツ 52, 150-153
アカメガシワ 97, 99, 152
アキグミ 152
アキタブキ 223
アキチョウジ 223
アサガラ 152
アシウアザミ 111
アズマネザサ 14, 23
アセビ 33, 54, 130, 129, 149, 152, 153, 222, 223, 228
アブラガヤ 202
アヤメ 201
アリドオシ 33

イケマ 223
イズセンリョウ 33, 54, 96, 97, 223
イソノキ 152
イタドリ 188, 223
イチイガシ 94, 98-100, 102
イッポンワラビ 77
イトスゲ 226
イトススキ 96
イナモリソウ 102
イヌエンジュ 223
イヌガシ 98
イヌシデ 38, 132, 226
イヌツゲ 22, 54, 223

イヌビワ 223
イヌブナ 52, 67, 94
イノデ 223
イラクサ 96, 97, 225
イワヒメワラビ 33, 54, 96, 110, 149, 151, 188, 191, 222, 223, 225

ウツギ 152, 153, 223
ウド 188
ウマスギゴケ 191
ウマノアシガタ 99
ウラギク 228
ウラジロ 223
ウラジロガシ 52, 94, 99
ウラジロノキ 94
ウラジロモミ 52, 67, 79, 137-145, 226, 231
ウリハダカエデ 99, 102, 103, 151-153, 226
ウワバミソウ 223
ウワミズザクラ 152

エゴノキ 52, 152, 153
エゾイラクサ 223
エゾシオガマ 177, 178
エゾマツ 52

オオアゼスゲ 201, 203
オオカサモチ 178
オオカメノキ 141, 223
オオシラビソ 52
オオチドメ 35
オオバアサガラ 33, 110, 223, 226
オオバノイノモトソウ 99
オオバギボウシ 223
オオバコ 224

オオバショウマ 73
オオバタネツケバナ 202
オオバチドメ 99
オオバノイノモトソウ 54, 223
オオバノハチジョウシダ 223
オオバボダイジュ 61
オオモミジ 132
オオモミジガサ 79, 81, 82
オオヤマフスマ 35
オカヒジキ 228
オクモミジハグマ 71, 72
オシダ 222, 223
オヒョウ 52, 64

【カ行】

カギカズラ 102
カキツバタ 201
ガクウツギ 223
カスミザクラ 152
カゼクサ 12
カタクリ 73, 229
カタバミ 35
カナクギノキ 152
ガマズミ 152
カマツカ 152
カヤ 127
カラスザンショウ 97, 99
カラフトホシクサ 202
カラマツ 52, 64, 177, 178
カワゼンゴ 228
カワチブシ 223
カンコノキ 33

キジムシロ 175
キタコブシ 61
キツネノボタン 202

キハダ 141, 143
キバナノコマノツメ 175, 178
キブシ 152, 153
キランソウ 99
キレンゲショウマ 228
ギンレイカ 102

クガイソウ 77, 78
クサイ 188
クサギ 152, 153
クサコアカソ 223
クサタチバナ 72
クマイザサ 53, 223
クマイチゴ 188
クマガイソウ 149
クマシデ 132
クマノミズキ 152, 153
クリ 72, 151, 152
クリンソウ 33, 97
クロイヌノヒゲ 201, 202
クロガネモチ 225
クロキ 223
クロバイ 97
クロミノウグイスカグラ 201
クロモジ 152, 153

ケヤキ 152, 153

コアカソ 54, 223
コウモリソウ 71
コウリンカ 69
コガネギク 223
コガンピ 96
コジイ 52, 94, 97, 98, 103, 104, 106
コシダ 223
コナスビ 188, 224
コナラ 52, 150-153
コハウチワカエデ 131

コバノイシカグマ 96, 110, 130, 133, 223
コバノガマズミ 151, 152, 153
コバノコゴメグサ 177, 178
コバノミツバツツジ 223
コマユミ 223
コミネカエデ 188
コメツガ 67
コヨウラクツツジ 188, 223
ゴンゲンスゲ 212

【サ行】

サイカチ 33
ササバギンラン 228
サラシナショウマ 178
サルトリイバラ 153
サルナシ 188
サルメンエビネ 109
サワギキョウ 201
サワグルミ 52, 69, 115, 226
サンショウ 33, 151-153, 222

シオガマギク 69
シオジ 52, 69
シカクイ 202
シキミ 54, 103, 223
シシウド 177, 178
シシガシラ 188
シナノオトギリ 229
シナノキ 61, 175-179, 226, 229
シバ 13, 14, 23, 24, 33, 35, 94, 96, 226
シバスゲ 35
ジャコウソウ 73
ジャノヒゲ 24

ジュウニヒトエ 102
ショウジョウスゲ 188
シラネセンキュウ 223
シラネワラビ 212
シラビソ 52, 67
シレトコトリカブト 226, 228
シロダモ 54, 223
シロバナノヘビイチゴ 177, 178
シロヨメナ 33, 54, 222, 223

スカシタゴボウ 202
スギ 9, 52, 79, 81, 110, 114, 149, 150, 151, 153, 160, 161
スギラン 109
ススキ 14, 25, 33, 52, 54, 79, 95, 96, 151, 153, 175, 188, 198, 222, 223
スズタケ 15, 28, 34, 35, 38, 52, 53, 67, 69, 77, 79, 82-85, 128, 129, 137-139, 141-145, 224-226
スズメノカタビラ 12
スダジイ 52

セイタカアワダチソウ 11

ソヨゴ 116

【タ行】

タカネオトギリ 188, 191, 195
タカネコウリンカ 175, 177
タカネスイバ 175, 177, 178
タカネヒゴタイ 175, 178

タカネヨモギ 175, 176, 177, 229
ダケカンバ 188, 190
タケニグサ 149
タニウツギ 152, 153
タニソバ 188
タラノキ 33, 141, 143, 152, 153, 188, 190
ダンドボロギク 223
タンナサワフタギ 115, 152, 188
タンナトリカブト 223

チゴザサ 201
チシマアザミ 223
チシマザサ 27, 53, 110, 116
チマキザサ 26, 27, 38, 110, 111, 119
チャ 223
チャルメルソウ 97
チョウジソウ 223

ツガ 127, 132, 134
ツクバネウツギ 152
ツクバネガシ 98, 103, 104
ツボクサ 35
ツボスミレ 99
ツルアジサイ 188
ツルギミツバツツジ 188
ツルコケモモ 204
ツルニガクサ 102
ツルリンドウ 97

テキリスゲ 188, 190
テツカエデ 110
テバコモミジガサ 69

トウゲブキ 226, 231
トウヒ 35, 38, 137, 226
ドクゼリ 201
トゲアザミ 188, 191
トチノキ 52
トドマツ 52, 64, 66

【ナ行】

ナガバキタアザミ 226, 228
ナガバヤブマオ 223
ナギ 96-98, 100-104
ナチシダ 96, 223
ナツエビネ 116
ナツツバキ 116
ナナカマド 226
ナンキンハゼ 96-98, 100-104
ナンゴクミネカエデ 132

ニオイタチツボスミレ 35
ニガイチゴ 152
ニシキウツギ 80, 188
ニッコウキスゲ 109, 198, 201, 229

ヌカボシソウ 188
ヌマガヤ 52, 201-203
ヌルデ 152, 153

ネザサ 53, 223
ネズミモチ 223

ノイバラ 33, 153
ノハナショウブ 201
ノリウツギ 111, 188, 224

【ハ行】

ハイイヌガヤ 22, 109, 110, 112, 119
バイケイソウ 54, 175-178, 223, 229
ハイノキ 223
ハウチワカエデ 111, 223

ハクサンイチゲ 176, 226
ハクサンフウロ 175, 177, 178, 229
ハシリドコロ 223
ハスノハカズラ 223
ハナイカリ 69
ハナヒリノキ 15, 34, 35, 224, 226
バライチゴ 188
ハルナユキザサ 83
ハルニレ 52
ハンゴンソウ 33, 223

ヒカゲイノコヅチ 223
ヒゲノガリヤス 231
ヒサカキ 54, 103, 116, 222, 223
ヒトリシズカ 149
ヒノキ 52, 79, 81, 137, 149, 150
ヒメウツギ 69
ヒメシャラ 127, 132, 133

フジイバラ 188
フタリシズカ 54, 223
ブナ 9, 15, 35, 52, 67, 78, 79, 80, 91, 110, 114, 127, 132, 137-144, 224-226
フモトスミレ 188
フユイチゴ 223

ベニドウダン 188
ベニバナボロギク 223

ホオノキ 94, 151, 152
ホザキイチヨウラン 177
ホソバトリカブト 175, 177, 178
ホソバハマアカザ 228
ホタルイ 202

植物名索引　245

ホナガタツナミ 97

【マ行】

マイヅルソウ 178
マツカゼソウ 149, 222, 223
マムシグサ 223
マルバサンキライ 72, 228
マルバダケブキ 33, 54, 69, 178, 179, 223, 226, 231
マンネンスギ 188, 223
マンリョウ 223

ミズ 188
ミズキ 52, 111, 152
ミズナラ 52, 67, 72, 127, 132, 143, 151-153
ミズハコベ 202
ミズメ 134, 141, 143, 151, 152
ミゾソバ 202
ミタケスゲ 202
ミツガシワ 201
ミツバウツギ 223
ミツバツチグリ 224
ミツマタ 149, 223
ミミコウモリ 212
ミヤコザサ 21, 23, 24, 26-28, 35, 38, 52, 53, 61, 62, 137-145, 198, 225, 226, 231
ミヤマアキノキリンソウ 175
ミヤマイヌノハナヒゲ 202
ミヤマガマズミ 223
ミヤマキンポウゲ 175, 177-179, 229

ミヤマクマザサ 53, 185, 186-188, 190, 228
ミヤマクマワラビ 69
ミヤマシキミ 130, 133, 223
ミヤマゼンコ 175, 176
ミヤマミミナグサ 177
ミヤマワラビ 188

ムカゴトラノオ 175, 177
ムラサキシキブ 152, 153, 223

メアオスゲ 191, 195, 196
メギ 33, 37-39

モミ 99, 127, 132, 140
モミジガサ 223

【ヤ行】

ヤクザサ（ヤクシマダケ） 24
ヤクシマヤダケ 160
ヤクシマラン 164
ヤシャブシ 188
ヤチカワズスゲ 201, 202
ヤチスゲ 201
ヤブツバキ 52, 223
ヤブニッケイ 223
ヤブムラサキ 97, 152, 223
ヤマアイ 223
ヤマアジサイ 115, 223
ヤマイヌワラビ 188
ヤマウルシ 223
ヤマカモジグサ 223
ヤマグワ 152, 153, 154
ヤマザクラ 152, 153

ヤマスズメノヒエ 188
ヤマソテツ 149
ヤマタイミンガサ 69, 71
ヤマツツジ 223
ヤマドリゼンマイ 201
ヤマヌカボ 69, 188, 191-195
ヤマハギ 152, 153
ヤマハタザオ 177
ヤマハハコ 69, 229
ヤマブキショウマ 223
ヤマヤナギ 188
ヤラメスゲ 201

ユウスゲ 201
ユキザサ 73
ユズリハ 223

ヨシ 201

【ラ行】

リュウキンカ 201
リョウブ 52, 54, 111, 127, 132, 141, 152, 153, 188, 223-225
リンボク 98

ルイヨウボタン 149

レモンエゴマ 223
レンゲショウマ 71, 79
レンゲツツジ 33

【ワ行】

ワニグチソウ 72
ワラビ 33, 69, 96, 223
ワレモコウ 202

事項索引

【欧文】

GPS型電波発信器 179
GPS機器 12
IBP → 国際生物事業

【ア行】

亜高山帯 179, 181
亜種 17

維管束植物 116
一夫多妻性 18
遺伝学 12

落ち葉食い 96
温量指数 23

【カ行】

カール 183
カール底 183
開空率 99
階層構造 69
外来種 102
外来種問題 11
化学防衛 33
隔年結果 132
春日山照葉樹林 95
カスケード効果 37
風散布 102
下層植生 116
稈 32, 128
崖錐 183
間接効果 36, 38
間伐材 155

忌避物質 22
逆J字型 127
ギャップ 37, 97

胸高直径 127
区画法 112
グレーザー 20
群落型 51
群落構造 224

渓谷林 71
珪酸体 20
現存量 13

高茎広葉草本 71
高茎草原 181
高茎草本 71, 213
高茎草本群落 173, 174
高山帯 179
更新 35, 134
　樹木の―― 137
高層湿原 197, 200
行動圏 19
高密度化 69
ゴーロ帯 183
国際生物事業（IBP） 10
個体群学 12
個体数管理 77
個体数調整 68, 212
コハウチワカエデ 132
コホート 132
固有種 164

【サ行】

採食痕 72
サバンナ 20

ジェネット 31
シカ影響アンケート調査 43
シカ影響程度 44

シカ影響度マップ 46
シカの分布 48
嗜好種 54, 162
嗜好植物 223
歯根 21
シバ群落 224
死亡率 140
社会行動学 10
斜面崩壊 186
集水域 113, 115
重力散布 102
樹高 142
種子散布 134
種組成 69
種組成の均質化 69
樹皮剥ぎ 52, 111, 140
狩猟圧 26
照葉樹林 93, 158
常緑広葉樹林 157
初期更新 103
食痕 60
植生回復 77
植生学会 12
植生遷移 14, 38
食性分析 24
植被率 73
植物相 69
新規加入率 140
針広混交林 127
森林更新 14, 134, 157, 224
森林・林業再生プラン 155

水源涵養機能 91

生育型 32, 223
生残率 162
脆弱性 69

生息痕跡 72
生息地管理 65
生息密度 68
生存率 134
生態的同位種 36
生物多様性 11
生物多様性国家戦略 11
積雪 63
雪田草原 181
絶滅危惧種 69, 77, 157
セルロース 19
蘚苔類 193

遭遇率 160
草食獣 13
草本層 73
ゾーンディフェンス 121

【タ行】

対採食防衛 32
脱葉 32
単胃 21
暖温帯域 93

地域性種苗 155
地域的絶滅 17
稚樹 59, 143, 162
地表流 91
中手骨 159
沖積錐 183
虫媒花 37

泥炭層 200
鉄砲拝借史料 68

動態 137

土壌侵食 69, 89
鳥散布 101

【ナ行】

中尾佐助 13
ナッツ 36

日本森林学会 12
日本生態学会 12
日本哺乳類学会 12

【ハ行】

パッチディフェンス 121
繁殖学 12
反芻獣 20

被食防衛植物 35
避難場所→レフュジア
表皮細胞 23

風衝小低木林帯 158
風衝地 174
不可逆的変化 228
不嗜好種 77, 162
不嗜好植物 96, 222, 223
物理防衛 33
ブラウザー 20
糞塊 130
糞塊除去法 130
糞虫 31
糞分析 24

平均回転率 105
ベリー 36

訪花昆虫 37

【マ行】

埋土種子 82
マジノディフェンス 121
マンディフェンス 121

幹折り 61
実生 59, 131

モジュール 31
森の健康診断 149

【ヤ行】

野生生物保護学会 12

予防的順応的管理 212

【ラ行】

落葉広葉樹林 23, 67

リター 89
林冠 132, 143
林床 60
林床合計被覆率 89
林床植生 77, 89
──被度 89
林床植生被度 89
林道法面 149

ルートセンサス 160

冷温帯 23, 59
レッドデータブック 82
レフュジア（避難地）
　　　77, 104

口絵写真撮影・提供（五十音順）
明石 信廣（地図内 北海道，1-③）
石川 愼吾（地図内 剣山系三嶺）
高槻 成紀（1-①，②，2-①左，②，④，3-③，⑤～⑦，5-③，6-①）
田村 淳（地図内 丹沢，6-②，③左・中，8-①）
辻野 亮（地図内 屋久島）
中静 透（6-④）
冨士田 裕子（4-③）
前迫 ゆり（地図内 春日山原始林，1-④，⑤，2-①右，③，⑤，3-①，②，④，6-③右，7-①，8-②）
増澤 武弘（4-①）
林野庁（5-①，②）

シカの脅威と森の未来
シカ柵による植生保全の有効性と限界

2015 年 8 月 31 日　初版第 1 刷発行

編●前迫 ゆり・高槻 成紀
©Yuri MAESAKO & Seiki TAKATSUKI 2015

発行者●斉藤　博
発行所●株式会社　文一総合出版
〒162-0812　東京都新宿区西五軒町 2-5
電話●03-3235-7341
ファクシミリ●03-3269-1402
郵便振替●00120-5-42149
印刷・製本●奥村印刷株式会社

定価はカバーに表示してあります。
乱丁，落丁はお取り替えいたします。
ISBN978-4-8299-6525-2　Printed in Japan